长江中下游干流河道演变报告 2018

水利部长江水利委员会 编

长江出版社
CHANGJIANG PRESS

图书在版编目(CIP)数据

长江中下游干流河道演变报告. 2018 / 水利部长江水利委员会编.
—武汉 : 长江出版社, 2019.12
ISBN 978-7-5492-6830-6

Ⅰ. ①长… Ⅱ. ①水… Ⅲ. ①长江中下游－河道演变－研究报告－2018 Ⅳ. ①TV147

中国版本图书馆 CIP 数据核字(2019)第 297563 号

长江中下游干流河道演变报告. 2018　　水利部长江水利委员会 编

责任编辑: 郭利娜
装帧设计: 王聪
出版发行: 长江出版社
地　　址: 武汉市汉口解放大道 1863 号　　邮　　编: 430010
网　　址: http://www.cjpress.com.cn
电　　话: (027)82926557(总编室)
　　　　　(027)82926806(市场营销部)
经　　销: 各地新华书店
印　　刷: 武汉精一佳印刷有限公司
规　　格: 880mm×1230mm　1/16　4 印张　75 千字
版　　次: 2019 年 12 月第 1 版　　2019 年 12 月第 1 次印刷
ISBN 978-7-5492-6830-6
定　　价: 42.00 元

编写说明

1. 本报告根据长江中下游干流主要水文控制站水位、流量、泥沙测验及河道地形（固定断面）观测资料等编制。

2. 报告中的河道演变，是指河床形态在水流、泥沙等自然因素及整治建筑物、河道采砂等人类活动作用下的变化过程。

3. 报告中的河势，是指河道在其演变过程中水流动力轴线与岸线、深槽和沙洲等分布的河床平面形态之间的相对态势。

4. 报告中的泥沙，除特别说明外，一般指悬移质部分，不包括推移质。

5. 报告中描述河流水文泥沙的主要物理量及其定义如下：

流　量——单位时间内通过某一过水断面的水量（立方米 / 秒）；

径流量——一定时段内通过河流某一断面的水量（立方米）；

含沙量——单位体积水沙混合物中的泥沙质量（千克 / 立方米）；

输沙量——一定时段内通过河流某一断面的泥沙质量（吨）。

6. 报告中的地形、断面采用的高程为 1985 国家高程基准。

7. 报告中的水位采用冻结吴淞高程。

8. 报告中宜昌至湖口段河道冲淤量采用固定断面观测资料计算，湖口以下河道冲淤量采用河道地形资料切割断面计算。

目 录

1 概 述

长江中下游干流河道流经湖北、湖南、江西、安徽、江苏、上海等省(直辖市)。沿江地区依托黄金水道，区位优势明显，是长江流域的精华地带。长江中下游干流河道承担泄流、供水、航运及生态等多重功能，在长江流域经济社会发展和生态环境保护中具有十分重要的作用。

河道演变分析是长江中下游干流河道治理与保护的基础性工作。随着以三峡水库为核心的长江干支流控制性水库群蓄水运用，长江中下游干流河道发生长时间、长距离的冲刷，局部河段河势调整明显，河道崩岸时有发生，对防洪安全、供水安全、航道安全、生态安全及河势稳定等带来深远影响，需及时掌握长江中下游河道演变情况，为沿江经济社会可持续发展、推进长江大保护提供基础信息支撑。

在新时期“共抓大保护、不搞大开发”和“生态优先、绿色发展”治江思想指导下，全面落实“水利工程补短板、水利行业强监管”的水利改革发展总基调，统筹推进“安澜长江、绿色长江、和谐长江、美丽长江”建设，履行水利管理部门对江河湖泊保护与管理职责，按照水利部长江水利委员会（以下简称“长江委”）工作安排，长江委国际合作与科技局组织委属有关单位编写本报告。

本报告介绍了长江中下游干流河道基本情况、主要水文控制站历年径流量与输沙量变化、2003 年以来长江中下游河床冲淤与河势变化、典型河段河床演变及崩岸情况，以及治理情况等。

2003年以来，长江中下游各水文控制站的年均径流量较三峡水库蓄水前略有减少，输沙量大幅减少。与1950—2002年序列均值相比，2003—2018年宜昌站、汉口站、大通站年均径流量分别减少6%、4%、5%，年均输沙量分别减少93%、75%、69%。

2003年以来，长江中下游干流河道沿程冲刷明显，且呈现从上游向下游逐渐发展的态势。2003—2018年，宜昌至湖口段平滩河槽冲刷约24亿立方米（含河道采砂影响，下同），且以荆江河段冲刷强度为最大；湖口至江阴段平滩河槽冲刷约13亿立方米，江阴以下段0米高程以下河槽冲刷约7亿立方米。目前，宜昌至枝城段冲淤变化不大，荆江河段仍维持强度较大的冲刷，城陵矶以下河段冲刷有所加剧。

受河道冲刷下切影响，除大通站外长江中下游干流河道枯水期同流量下水位出现不同程度下降。2018年汛后，宜昌站流量在6000立方米/秒、沙市站流量在7000立方米/秒、螺山站流量在10000立方米/秒、汉口站流量在10000立方米/秒时，水位较2003年分别下降约0.7米、2.5米、1.6米、1.4米。

2003年以来，长江中下游干流河道河势总体基本稳定，部分河段河势出现一定的调整，局部河段河势变化较大。主要表现为：①枯水河槽普遍冲刷下切，断面形态总体向窄深化发展，中低滩冲刷萎缩，高滩时有崩退。②弯道段、分汊河道分汇流区、长直过渡段主流摆动幅度较大，急弯段出现不同程度的切滩撇弯现象。③分汊河段平面形态在工程措施下得到较好控制，总体稳定性有较大提升，多数主支汊格局未变，部分短汊发展明显，含次生二级分汊河段仍不稳定。④近岸河床冲刷明显，岸坡变陡，崩岸时有发生，崩岸强度和风险增大。

2 河道基本情况

2.1 河道概况

长江中下游干流河道上起宜昌，下至长江河口原50号灯标，全长约1893千米。其中，宜昌至湖口为长江中游，长约955千米；湖口以下为下游，长约938千米。长江中下游干流河道形势见图2.1–1。

长江中下游干流河道按照河型及地理环境可划分为宜昌至枝城段、枝城至城陵矶（荆江）段、城陵矶至武汉段、武汉至湖口段、湖口至大通段、大通至江阴段和江阴以下等七段。

宜昌至枝城段，长约60.8千米，是长江由山区性河流进入冲积平原河流的过渡段，云池以上为顺直微弯河道，云池以下为弯曲分汊河道。两岸由低山丘陵和阶地控制，局部有基岩出露，河岸抗冲性较强，河床组成较粗，稳定性较好。

枝城至城陵矶（荆江）段，长约347.2千米，以藕池口为界分为上、下荆江。上荆江河道内弯道较多，弯道内有江心洲，属微弯河型。该河段北岸为荆江大堤，堤外滩地狭窄或无滩，深泓逼岸，防洪形势险要。上荆江总体河势基本稳定，河道演变主要表现在长顺直过渡段主流有一定的摆动，成型淤积体冲淤往复，部分分汊段主支汊呈周期性交替变化。下荆江河段为典型的蜿蜒型河道，两岸抗冲性较差，历史上河道迂回曲折，横向摆幅较大，自然裁弯和切滩撇弯现象较为频繁。经多年整治，总体河势得到初步控制，但局部河势变化仍很剧烈。

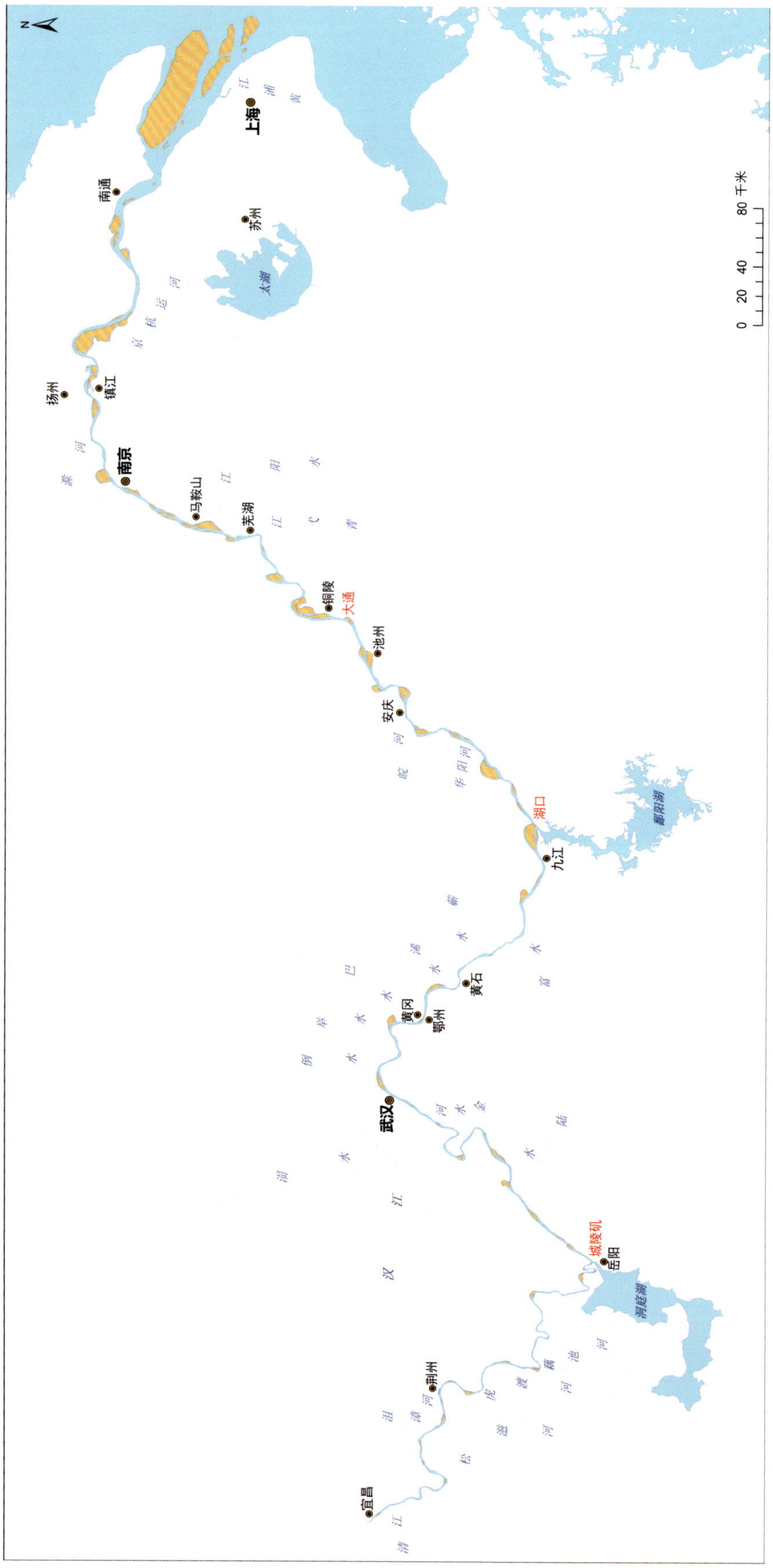

图 2.1-1　长江中下游干流河道形势

城陵矶至武汉段，长约 275.1 千米，为宽窄相间的藕节状分汊河道。河道两岸有节点控制平面形态，河势总体稳定，演变主要特点是顺直段深泓摆动较大，少数分汊段分流比交替变化，江心低滩和边滩冲淤频繁。

武汉至湖口段，长约 272 千米，总体河型为两岸边界条件限制较强的鹅头型或弯曲型分汊河道，单一河道主流走向基本稳定，汊道段主支汊地位较为稳定。

湖口至大通段，长约 228 千米，为分汊河型，总体河道平面形态相对稳定，主汊地位较为明显，主汊内衍生二级汊道滩槽冲淤变化较大。

大通至江阴段，长约 431.4 千米，为江心洲发育、汊道众多的藕节状分汊型河道。窄段一般一岸或两岸由山矶节点控制，河槽相对较为稳定；放宽分汊段一般为双汊或三汊，少数有四汊、五汊，滩槽冲淤演变较为剧烈，主支汊分流比也随之调整，少数主支汊发生易位。

江阴以下段，长约 278.6 千米，由河口湾演变而成，以徐六泾为界，以上为澄通河段（又称近河口段），以下为长江口河段。澄通河段为弯曲多分汊型河道，由福姜沙汊道、如皋沙群汊道、通洲沙汊道组成。长江口为陆海双相河口，在径流和潮流双重作用以及强人类活动干预下，目前呈喇叭形三级分汊、四口入海的格局。江阴以下段河道宽阔，河槽内大小心滩密布，汊道交织，河床稳定性较差。

在《长江中下游干流河道治理规划（2016 年修订）》中，按河型和控制节点，将长江中下游干流河道进一步划分为 30 个河段（表 2.1–1）。

熊家洲至城陵矶河段八姓洲西侧护岸工程

表 2.1–1　　长江中下游干流河道分段表

序号	河段名称	起讫地点	长度（千米）	治理类别	备注
1	宜昌至枝城河段	宜昌水尺至枝城（荆 3）	60.8	重点	宜昌至枝城段 60.8 千米
2	上荆江河段	枝城（荆 3）至藕池口（陀阳树）	171.7	重点	枝城至城陵矶（荆江）段 347.2 千米
3	下荆江河段	藕池口（陀阳树）至城陵矶	175.5	重点	
4	岳阳河段	城陵矶至赤壁山	77.0	重点	城陵矶至武汉段 275.1 千米
5	陆溪口河段	赤壁山至石矶头	22.4	一般	
6	嘉鱼河段	石矶头至潘家湾	31.6	一般	
7	簰洲湾河段	潘家湾至纱帽山	73.8	一般	
8	武汉河段	纱帽山至阳逻（电塔）	70.3	重点	
9	叶家洲河段	阳逻（电塔）至泥矶	28.2	一般	武汉至湖口段 272 千米
10	团风河段	泥矶至黄柏山	28.8	一般	
11	鄂黄河段	黄柏山至西塞山	60.8	重点	
12	韦源口河段	西塞山至猴儿矶	33.3	一般	
13	田家镇河段	猴儿矶至码头镇	34.3	一般	
14	龙坪河段	码头镇至大树下	31.6	一般	
15	九江河段	大树下至小孤山	90.7	重点	
16	马垱河段	小孤山至华阳河口	31.4	一般	湖口至大通段 228 千米
17	东流河段	华阳河口至吉阳矶	34.7	一般	
18	安庆河段	吉阳矶至钱江咀	55.3	重点	
19	太子矶河段	钱江咀至新开沟	25.9	一般	
20	贵池河段	新开沟至下江口	23.3	一般	
21	大通河段	下江口至羊山矶	21.8	一般	
22	铜陵河段	羊山矶至荻港河口	59.9	重点	大通至江阴段 431.4 千米
23	黑沙洲河段	荻港河口至三山河口	33.8	一般	
24	芜裕河段	三山河口至东、西梁山	49.8	重点	
25	马鞍山河段	东、西梁山至猫子山	30.6	重点	
26	南京河段	猫子山至三江口	92.3	重点	
27	镇扬河段	三江口至五峰山	73.3	重点	
28	扬中河段	五峰山至鹅鼻嘴	91.7	重点	
29	澄通河段	鹅鼻嘴至徐六泾	96.8	重点	江阴以下段 278.6 千米
30	长江口河段	徐六泾至口外原 50 号灯标	181.8	重点	
合计			1893.2		

2.2 河道边界条件

（1）地貌

长江中下游位于长江流域自西向东地势第三级阶梯，地貌形态为低山丘陵、堆积平原、河流阶地和河床洲滩。汉江洞庭湖平原及下游左岸广大平原为冲湖积平原，城陵矶至南京长江右岸多为狭窄的冲洪积平原，镇江以下为河口三角洲平原。枝城以上低山丘陵较多，石首、岳阳附近还有少数低山丘陵，鄂州—武穴段低山丘陵沿两岸分布，湖口以下沿江南岸山丘断续分布。河道两岸有反映其演变过程的多级阶地，其级数越向下游越少，宜昌附近有五级阶地，荆江河段有两级阶地发育，城陵矶以下沿江丘陵有三级阶地发育。城陵矶以下江段洲滩较多，两岸滩地一般在长江高水位以下，易发生冲淤变化，江心洲多发育于上下节点间的河道宽阔段。

（2）河床边界条件

长江中下游岸坡按物质组成以砂质岸坡和土质岸坡为主，另有少量基岩（砾）质岸坡。砂土质岸坡多具二元或多层结构，一般上部为黏土、亚黏土，下部为粉细砂、细砂夹少量土层等。

下荆江熊家洲河段右汊张家墩护岸工程

（3）河床组成

宜昌至大埠街为砂卵石河床，河床组成中中细砂与砾卵石占比约为 7 ∶ 3，中细砂粒径一般为 0.19 ~ 0.35 毫米。大埠街以下为沙质河床，床沙中值粒径一般在 0.12 ~ 0.25 毫米，总体分布是越往下游床沙颗粒越细。

2.3 河道相关规划

（1）流域综合规划

长江流域综合规划是长江流域开发、利用、节约、保护、水资源管理和防止水害的总体部署，是长江治理与保护的“蓝图”。2012 年，国务院批复《长江流域综合规划（2012—2030 年）》。该规划以“维护健康长江，促进人水和谐”为基本宗旨，按照“在保护中促进开发，在开发中落实保护”的原则，提出了加强防洪减灾、水资源综合利用、水资源与水生态环境保护、流域综合管理四大体系规划，充分发挥长江的多种功能和综合利用效益，切实保障流域防洪安全、供水安全、粮食安全和生态安全，为实现经济持续健康发展和社会和谐稳定提供有力支撑。

（2）防洪规划

2008 年，国务院批复《长江流域防洪规划》。该规划按照人与自然和谐相处的理念，统筹协调防洪减灾与水资源综合利用的关系、防洪建设与洪水管理的关系，提出了至 2025 年逐步建成以堤防为基础，三峡工程为骨干，干支流水库、蓄滞洪区、河道整治相配合，平垸行洪、退田还湖，水土保持等措施与防洪非工程措施相结合的长江中下游综合防洪减灾体系，以及兴建调洪水库，河道整治、堤防相配合，封山植树、退耕还林，水土保持等工程措施与非工程措施相结合的上游防洪体系，并对长江防洪总体布局进行了规划安排，全面提高长江流域防御洪水灾害的能力。

（3）河道治理规划

在《长江流域综合利用规划简要报告（1990 年修订）》中提出了“以防洪、航运与岸线利用为主要目标的长江中下游干流河道治理规划”，并得到国务院批准；1998 年，水利部批复《长江中下游干流河道治理规划报告》，提出三峡工程建成前长江中下游干流河道治理目标和任务规划意见；2016 年，水利部印发《长江中下游干流河道治理规划（2016 年修订）》（以下简称《河道治理规划》），明确了在规划实施中要紧密围绕推动长江经济带发展的战略部署，按照全面保护、系统治理的思路，把保护和修复长江生态环境摆在突出位置，对长江中下游干流河道进行综合治理，控制和改善河势，保障防洪安全、生态安全，促进航运发展。

（4）采砂规划

水利部分别于 2003 年、2011 年、2016 年批复了 3 个规划时期长江中下游干流河道采砂规划，在各规划期内确定了长江中下游干流河道年度采砂控制总量，提出了沿江各省（直辖市）年度控制总量分配方案，划分了禁采区、可采区及保留区范围。

（5）岸线保护和开发利用规划

水利部和原国土资源部于 2016 年联合印发《长江岸线保护和开发利用总体规划》，该规划按照长江岸线保护和开发利用的需求，划分了岸线保护区、保留区、控制利用区及开发利用区等四类功能区，并对各功能区提出了相应的管理要求。

（6）航道整治规划

2009 年，国务院批准《长江干线航道总体规划纲要》，明确指出 2020 年长江中下游干线航道得到全面系统治理，航道通航能力有较大提高，通航条件明显改善。2030 年全面提升航道维护和管理水平，并根据需要可适度提高局部河段航道维护尺度，建立更加高效、智能、集约的航道体系。

2.4 堤防及河道（航道）整治工程

（1）堤防工程

堤防是长江中下游地区防洪的基础设施，目前宜昌至长江口干流堤防 3938 千米已完成达标建设，其中左岸 1884 千米，右岸 1643 千米，江心洲 411 千米。按照保护对象重要性划分，一级堤防 747 千米，二级堤防 2719 千米，三级及以下堤防 472 千米。

（2）河道整治工程

为了保障长江中下游干流良好的河势条件和防洪安全，新中国成立以来开展了大量以河势控制工程与护岸工程为主的河道治理工作。1998 年以前长江中下游累计完成抛石量 6687 万立方米，沉排 410 万平方米，累计完成护岸长度 1189 千米；1999—2003 年实施了长江重要堤防隐蔽工程，累计护岸总长 436 千米，完成抛石 2215 万立方米，混凝土铰链沉排 100 万平方米；2003 年后又实施了荆江河段河势控制应急工程；2016 年以来，按照《加快长江中下游崩岸重点治理实施方案》，开展了宜昌至湖口段及湖口以下江西、安徽、江苏三省崩岸重点治理工作。

（3）崩岸重点治理

2016 年以来，按照《加快长江中下游崩岸重点治理实施方案》，开展了宜昌至湖口段及湖口以下江西、安徽、江苏三省崩岸重点治理工作。截至 2018 年年底，长江中下游崩岸治理项目已完成护岸长度 114.5 千米，在建护岸长度 331.6 千米。

（4）航道整治工程

20 世纪 90 年代以来，长江中下游干流河道开展了大量航道整治工程建设，至 2017 年共实施完成了 58 项航道整治工程，提前实现《长江干线航道总体规划纲要》确定的 2020 年规划目标。2018 年又先后开工建设 4 项航道整治工程，分别为武汉至安庆段 6 米水深航道整治工程、长江中游新洲至九江河段航道整治二期工程、长江下游芜裕河段航道整治工程、长江口南槽航道治理一期工程。

荆江河段藕池口水道整治工程

3 水文泥沙特性

3.1 径流量与输沙量

（1）长江中下游干流

2003 年以来，长江中下游干流河道主要水文控制站的径流量略有减少，输沙量大幅减少。2003—2018 年宜昌、汉口和大通站年均径流量分别为 4092 亿立方米、6800 亿立方米和 8597 亿立方米，较 2002 年前均值分别偏少 6%、4% 和 5%；年均输沙量分别为 3580 万吨、9960 万吨和 13400 万吨，较 2002 年前均值分别减少 93%、75% 和 69%，见表 3.1–1 和图 3.1–1 至图 3.1–5。

表 3.1–1　　长江中下游干流主要水文控制站径流量与输沙量变化

项目		宜昌	枝城	沙市	监利	螺山	汉口	大通
径流量（亿立方米）	2002 年前	4369	4450	3942	3576	6460	7111	9052
	2003—2018 年	4092	4188	3831	3709	6067	6800	8597
	变化率	–6%	–6%	–3%	4%	–6%	–4%	–5%
	2018 年	4738	4810	4326	4176	6148	6695	8028
输沙量（万吨）	2002 年前	49200	50000	43400	35800	40900	39800	42700
	2003—2018 年	3580	4330	5380	6960	8570	9960	13400
	变化率	–93%	–91%	–88%	–81%	–79%	–75%	–69%
	2018 年	3620	4160	4950	7320	7260	7960	8310

注 1. 宜昌、大通站 2002 年前多年平均统计年份为 1950—2002 年；枝城站 2002 年前多年平均统计年份为 1992—2002 年；沙市、汉口、监利、螺山站 2002 年前多年平均统计年份为 1954—2002 年。

2. 变化率为 2003—2018 年与 2002 年前年均值的相对变化。

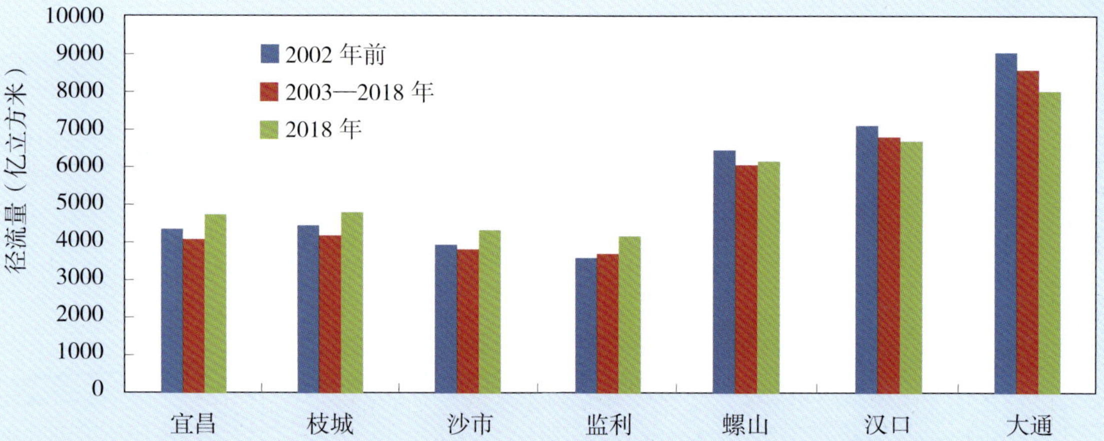

图 3.1-1　长江中下游干流主要水文控制站年均径流量变化

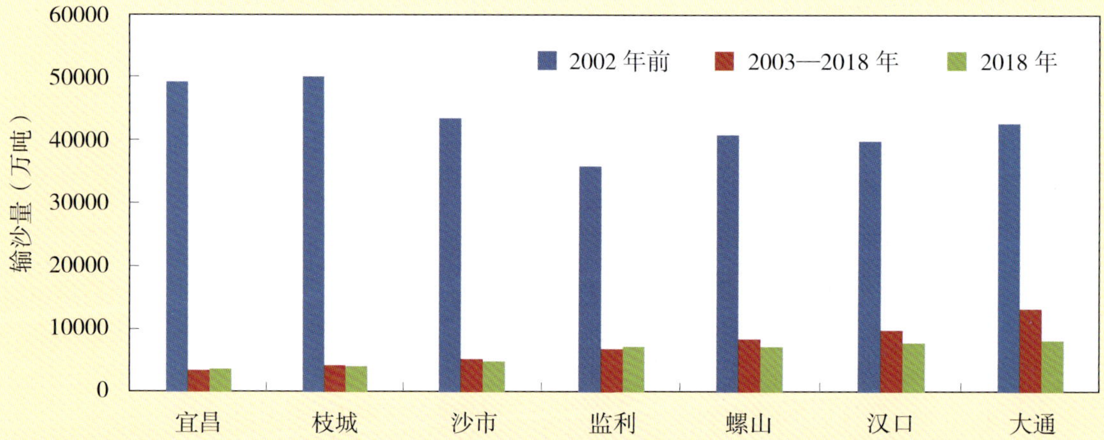

图 3.1-2　长江中下游干流主要水文控制站年均输沙量变化

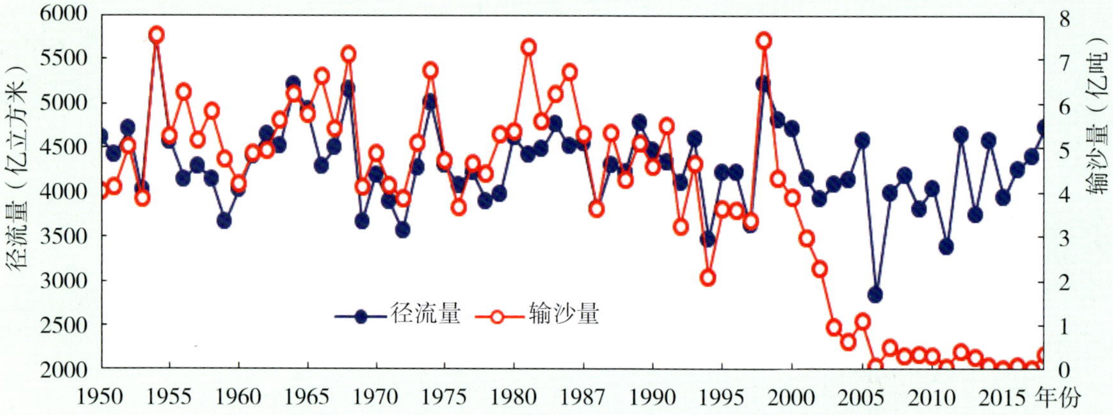

图 3.1-3　宜昌站年径流量、年输沙量历年变化过程

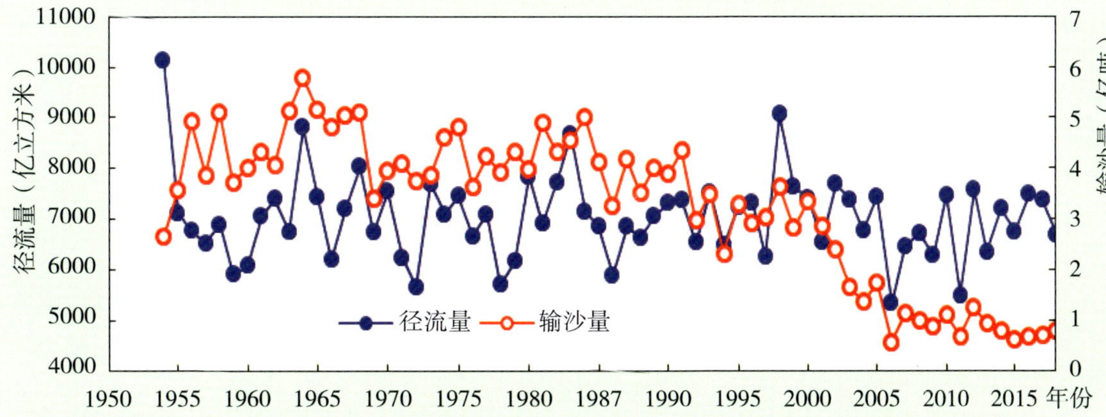

图 3.1-4　汉口站年径流量、年输沙量历年变化过程

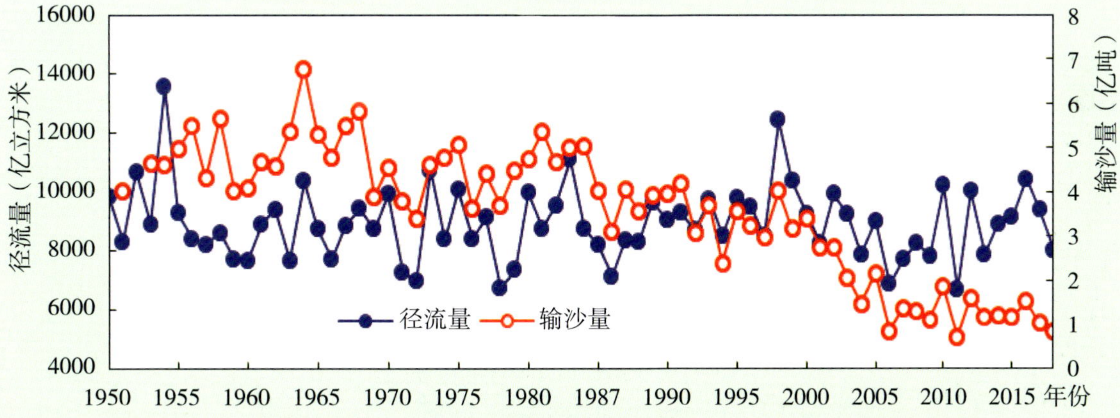

图 3.1-5　大通站年径流量、年输沙量历年变化过程

2003 年以来，进入长江中下游干流河道的卵石推移质和沙质推移质泥沙大幅减少。宜昌站 2003—2009 年卵石推移质年均输沙量减至 4.4 万吨，2012 年、2014 年、2018 年分别为 4.2 万吨、0.21 万吨、0.41 万吨，其他年份未测到砾卵石推移质；枝城站在 2013—2018 年仅 2012 年测到砾卵石推移质输沙量为 2.2 万吨，其余年均未测到砾卵石推移质。

2003—2018 年，宜昌、枝城、沙市站沙质推移质年均输沙量分别为 10.3 万吨、215 万吨、235 万吨；2009—2018 年，螺山、汉口、九江站沙质推移质年均推移量分别为 145 万吨、156 万吨、33.8 万吨。

2003—2018 年，除宜昌站悬移质较 2002 年前偏细外，其他各站受河床沿程冲刷补给影响，悬移质泥沙变粗、粗颗粒泥沙含量增多。2003—2018 年宜昌站悬移质泥沙中值粒径为0.006毫米，较2003年前偏细；其他各站由于河床沿程冲刷悬移质泥沙明显变粗、粗颗粒泥沙含量明显增多。2018年，宜昌、监利、汉口、大通站悬移质泥沙中值粒径分别为0.009毫米、0.043毫米、0.016毫米、0.013毫米，粗颗粒泥沙含量占比分别为0.9%、42.5%、18.2%、7.8%。2018年长江中下游干流主要水文控制站悬移质泥沙级配见图3.1–6。

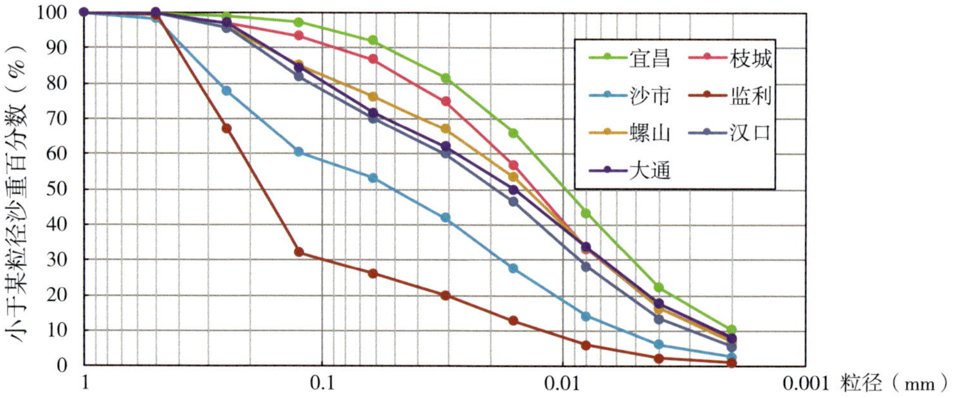

图 3.1–6　2018 年长江中下游干流主要水文控制站悬移质泥沙级配

（2）洞庭湖、鄱阳湖及汉江

洞庭湖、鄱阳湖和汉江水文控制站的径流量和输沙量各时期变化见表3.1–2。通过2003—2018年与2002年前的资料对比可见，洞庭湖城陵矶（七里山）站年均径流量和输沙量分别减少19%和53%；鄱阳湖湖口站年均径流量和输沙量分别减少3%、增加19%；汉江汇入长江年均径流量和输沙量分别减少11%和62%。各水文控制站的径流量和输沙量历年变化见图3.1–7至图3.1–11。

表 3.1-2　洞庭湖、鄱阳湖和汉江水文控制站年均径流量和输沙量变化

项目		城陵矶（七里山）	湖口	仙桃
径流量（亿立方米）	2002年前	2964	1520	401.0
	2003—2018年	2400	1480	357.4
	变化率	–19%	–3%	–11%
	2018年	1990	1035	339.4
输沙量（万吨）	2002年前	3950	945	3090
	2003—2018年	1860	1120	1160
	变化率	–53%	19%	–62%
	2018年	575	391	366

注　1. 城陵矶、湖口站2002年前水沙统计年份为1956—2002年；

2. 仙桃站2002年前水沙统计年份为1960—2002年。

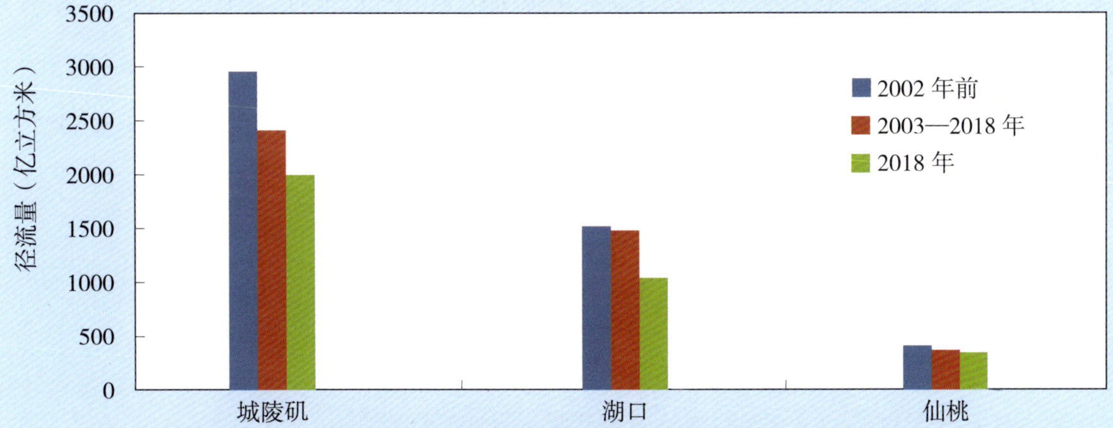

图 3.1-7　洞庭湖、鄱阳湖和汉江水文控制站年均径流量变化

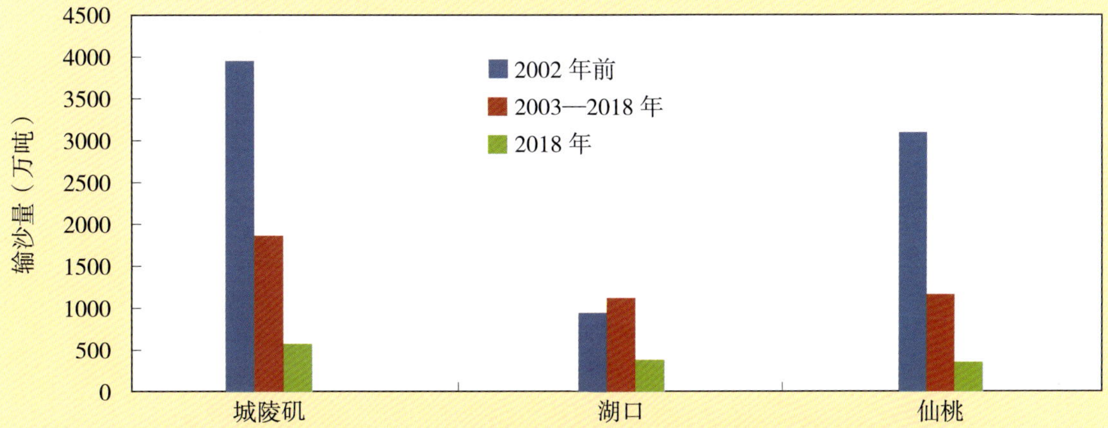

图 3.1-8　洞庭湖、鄱阳湖和汉江水文控制站年均输沙量变化

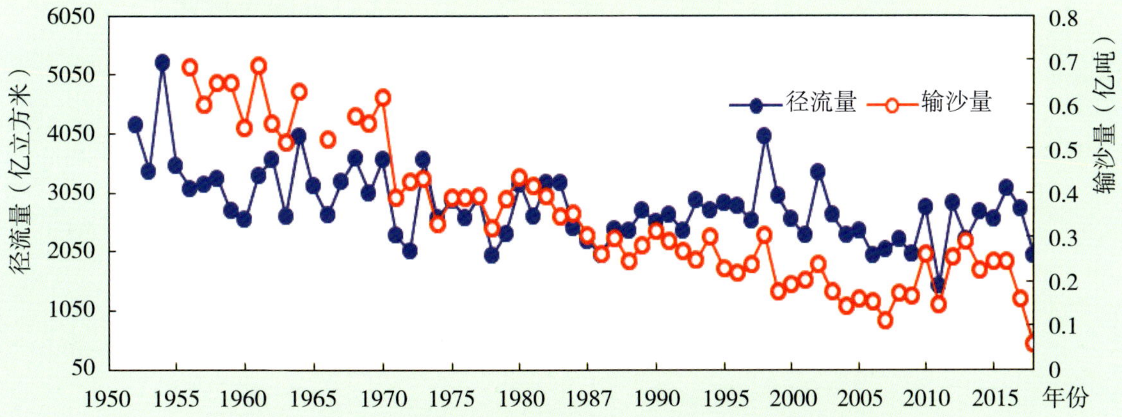

图 3.1-9　城陵矶站年径流量、年输沙量历年变化过程

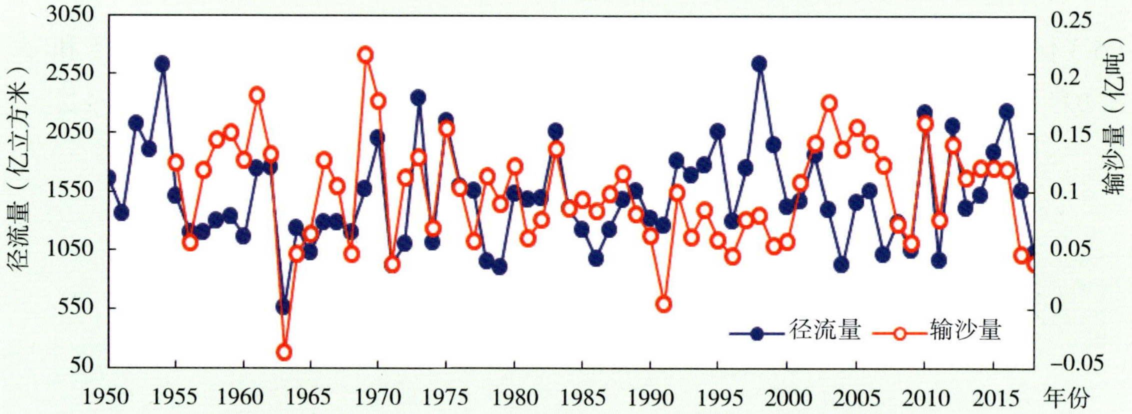

图 3.1-10　湖口站年径流量、年输沙量历年变化过程

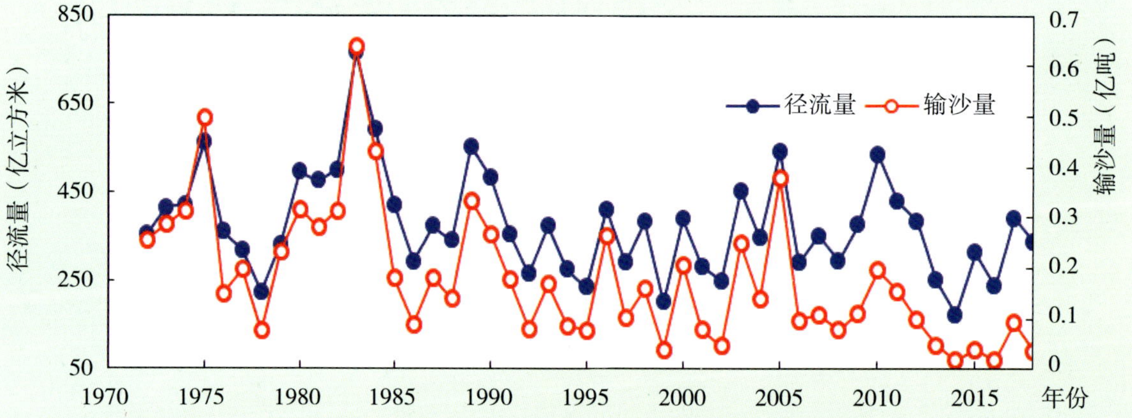

图 3.1-11　仙桃站年径流量、年输沙量历年变化过程

（3）荆江三口

荆江南岸有松滋河、虎渡河、藕池河、华容河分别自松滋口、太平口、藕池口和调弦口分流至洞庭湖，由于调弦口于 1959 年建闸控制，故习惯称之为荆江三口。分流比、分沙比指荆江三口分流、分沙量与长江干流枝城站径流、输沙量之间的比值。

20 世纪 50 年代以来，荆江三口分流、分沙能力一直处于衰减之中。1956—1966 年，荆江三口年均分流比约 29%；1967—1972 年，下荆江系统裁弯期间，受河床冲刷影响荆江三口分流比减小；1973—1980 年，荆江河床继续大幅冲刷，荆江三口分流能力加速衰减；1981 年，葛洲坝水利枢纽建成并投入运行后，荆江三口分流能力衰减速度变缓。1999—2002 年，荆江三口年均分流量和分沙量分别为 625.3 亿立方米和 5670 万吨，与 1956—1966 年年均分流量 1331.6 亿立方米和年均分沙量 19590 万吨相比，分流量、分沙量分别减小了 53%、71%，仅为枝城站来水量、来沙量的 14%、16%。

2003 年以后，荆江三口分流量、分沙量继续保持下降趋势。2003—2018 年与 1999—2002 年相比，荆江三口年均分流量减少 143.8 亿立方米，减幅为 23%；年均分沙量减少 4804 万吨，减幅为 85%，见表 3.1-3、表 3.1-4 和图 3.1-12、图 3.1-13。

表 3.1-3　各站分时段多年平均径流量与三口分流比对比　（单位：亿立方米，%）

时段 起止年份	枝城	松滋口		太平口	藕池口		三口	三口 分流比
		新江口	沙道观	弥陀寺	康家岗	管家铺	合计	
1956—1966 年	4515	322.6	162.5	209.7	48.8	588	1331.6	29
1967—1972 年	4302	321.5	123.9	185.8	21.4	368.8	1021.4	24
1973—1980 年	4441	322.7	104.8	159.9	11.3	235.6	834.3	19
1981—1998 年	4438	294.9	81.7	133.4	10.3	178.3	698.6	16
1999—2002 年	4454	277.7	67.2	125.6	8.7	146.1	625.3	14
2003—2018 年	4188	240.8	52.9	82.3	3.6	101.8	481.4	12
2018 年	4810	284.5	63.2	58.91	2.32	96.37	505.3	11

表 3.1-4　各站分时段多年平均输沙量与三口分沙比对比　（单位：万吨，%）

时段 起止年份	枝城	松滋口		太平口	藕池口		三口	三口 分流比
		新江口	沙道观	弥陀寺	康家岗	管家铺	合计	
1956—1966 年	55300	3450	1900	2400	1070	10800	19620	35
1967—1972 年	50400	3330	1510	2130	460	6760	14190	28
1973—1980 年	51300	3420	1290	1940	220	4220	11090	22
1981—1998 年	49100	3370	1050	1640	180	3060	9300	19
1999—2002 年	34600	2280	570	1020	110	1690	5670	16
2003—2018 年	4329	360	107	119	11	269	866	20
2018 年	4160	429	114	90.3	5.3	211	849.6	20

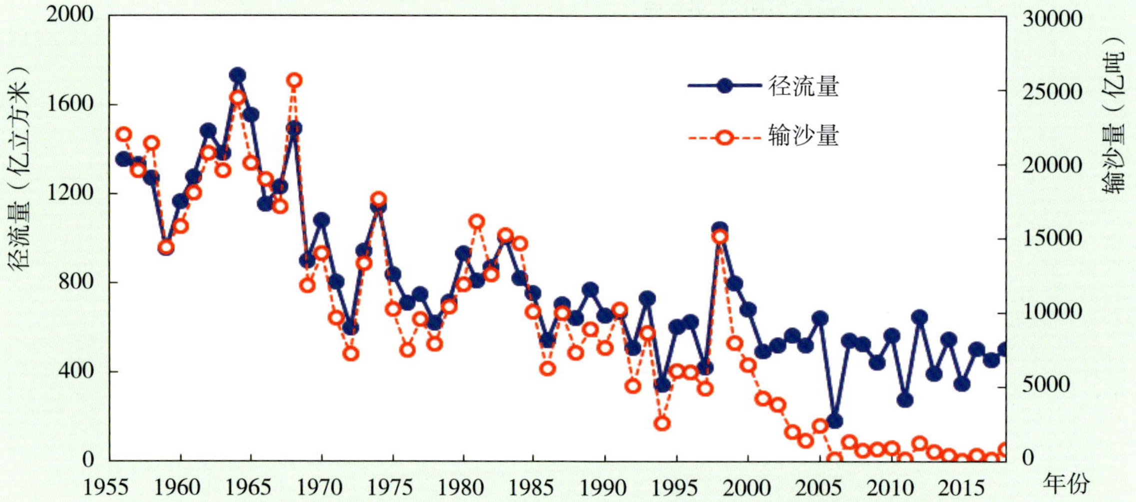

图 3.1-12 1956—2018 年荆江三口分流量、分沙量变化过程

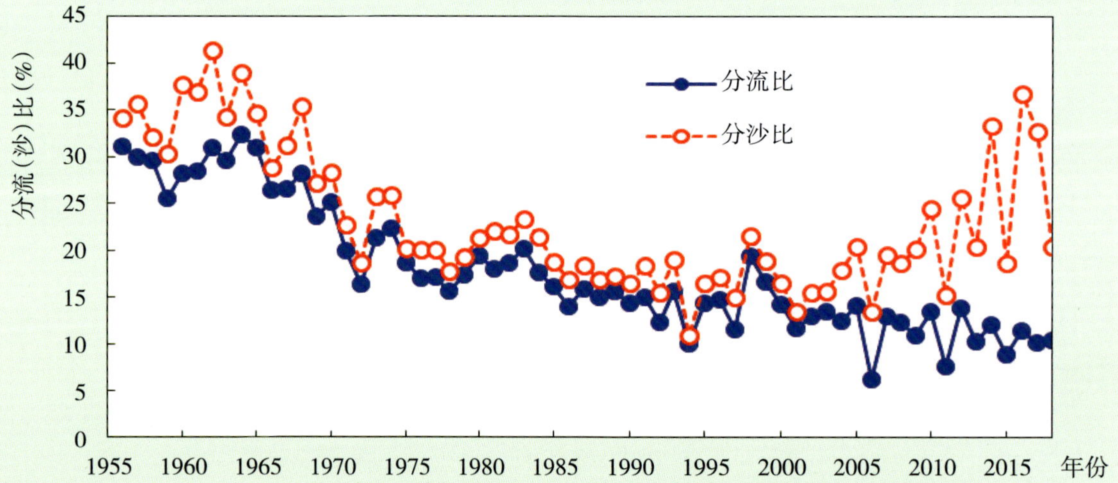

图 3.1-13 1956—2018 年荆江三口分流比、分沙比变化过程

受上游来水偏枯、三峡等水库汛后蓄水和汛期削峰滞洪调度等影响，荆江三口分流量减少，分流比也有所减小，但三口洪水期分流能力尚未发生明显变化，仅太平口、藕池口流量在枝城站高水期略有减小，见图 3.1-14。受三峡等水库拦沙影响，枝城来沙量大幅减小，荆江三口分沙量显著减小，但由于坝下游河床沿程冲刷、输沙量沿程增大，三口分沙比为 20%，高于 1999—2002 年的 16%。

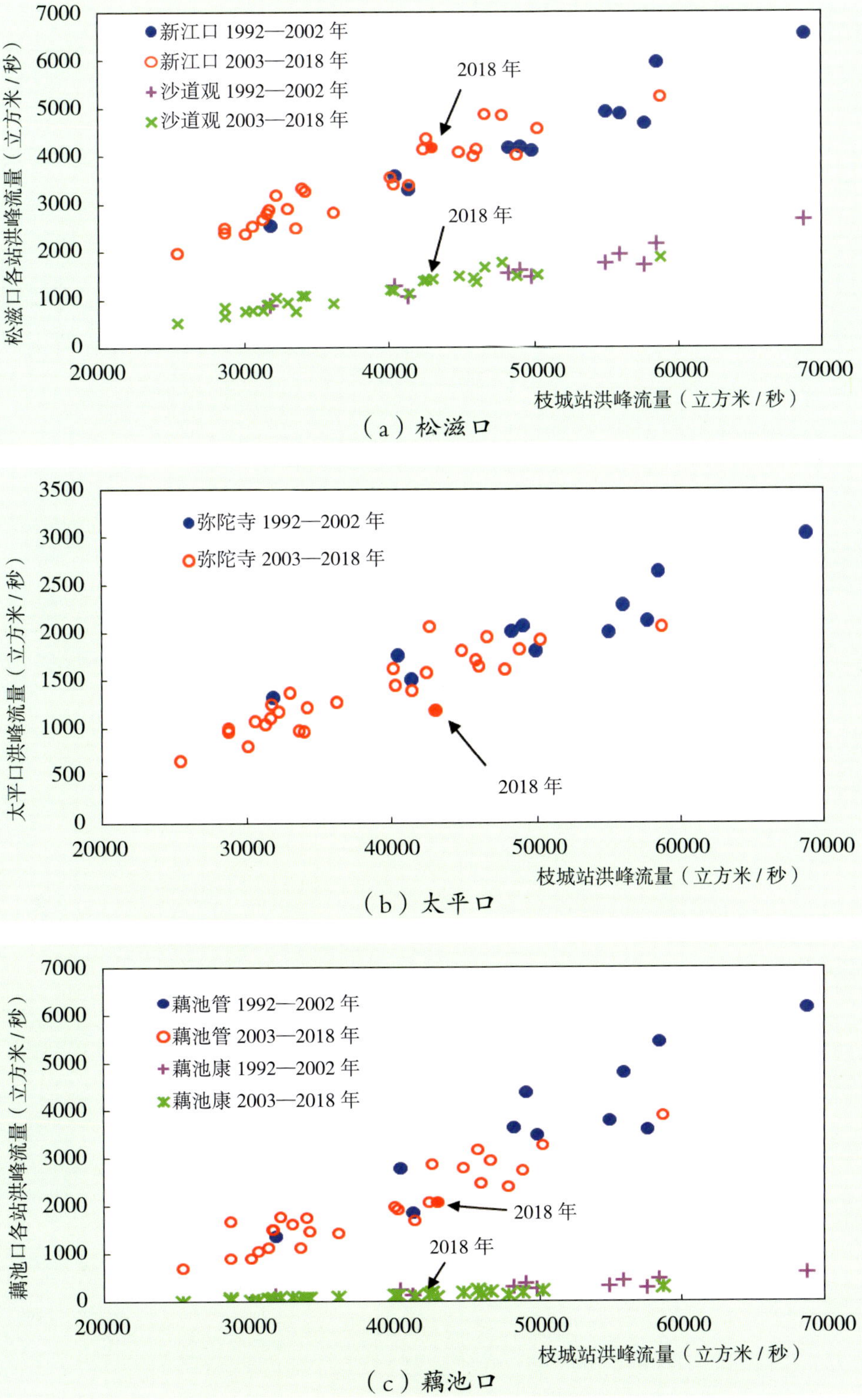

图 3.1-14　1992—2018 年枝城站洪峰流量对应三口各站分流比对比

3.2 枯期水位流量关系

2003 年以来，除大通站外，长江中下游干流主要水文控制站在枯水期相同流量下水位出现不同程度降低的现象。2018 年汛后，宜昌站流量在 6000 立方米 / 秒、沙市站流量在 7000 立方米 / 秒、螺山站流量在 10000 立方米 / 秒、汉口站流量在 10000 立方米 / 秒时，水位较 2003 年分别下降 0.7 米、2.5 米、1.6 米、1.4 米；与 2017 年汛后相比，水位分别降低 0.1 米、0.2 米、0.2 米、0.1 米，见表 3.2–1。

表 3.2–1　　长江中游干流主要控制站同流量下枯水位变化统计

水文站	流量（立方米 / 秒）	2017—2018 年水位下降值（米）	2003—2018 年水位累计降低值（米）
宜昌	6000	0.1	0.7
沙市	7000	0.2	2.5
螺山	10000	0.2	1.6
汉口	10000	0.1	1.4

2003 年以来，虽然长江中下游干流多站在流量较小时水位持续降低，但因三峡等上游水库枯季补水作用，年最低水位降低幅度不大。图 3.2–1 为宜昌站 1950 年来历年最小流量和最低水位变化过程。

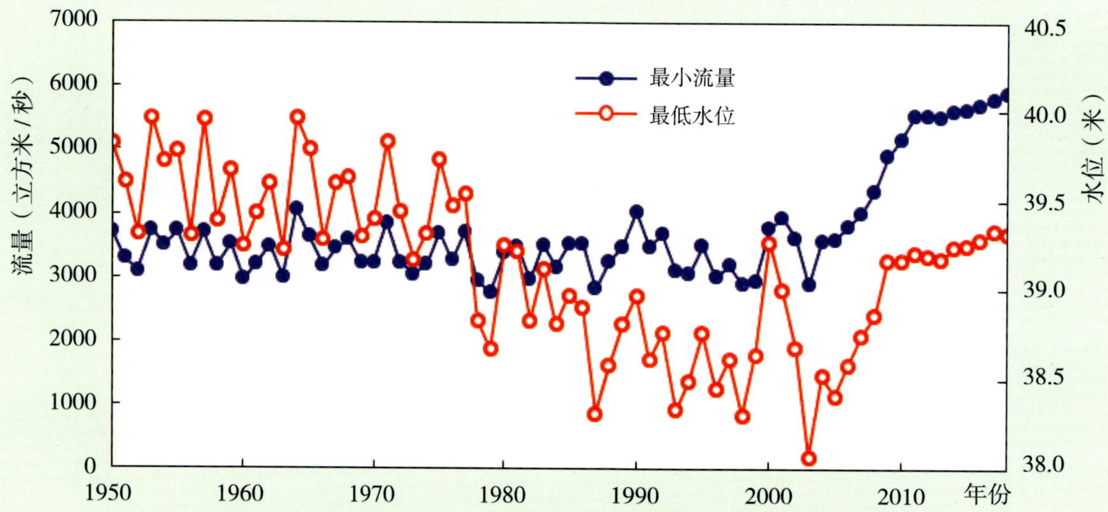

图 3.2–1　宜昌站 1950 年来历年最小流量和最低水位变化过程

4 河床冲淤与河道演变

4.1 河床冲淤变化

三峡水库蓄水运用前，长江中下游河床冲淤总体相对平衡。三峡水库蓄水运用以来，长江中下游河道呈全线冲刷态势，强冲刷带总体表现为从上游向下游逐渐发展的态势。2003—2018年，宜昌至湖口、湖口至江阴段平滩河槽冲刷量分别约为24亿立方米、13亿立方米，江阴以下段0米高程以下河槽冲刷量约7亿立方米。

（1）宜昌至湖口段

三峡水库蓄水运用前，1975—2002年宜昌至湖口段平滩河槽冲刷量1.687亿立方米，且以城陵矶为界表现为“上冲下淤”。宜昌至城陵矶段冲刷量4.42亿立方米，城陵矶至湖口段淤积量2.733亿立方米，见表4.1-1、图4.1-1。

根据宜昌至城陵矶段2002年10月至2018年10月、城陵矶至湖口段2001年10月至2018年10月实测地形资料统计，宜昌至湖口段平滩河槽冲刷量为24.06亿立方米，年均冲刷量1.46亿立方米，年均冲刷强度15.3万立方米/千米，其中90%以上冲刷集中在枯水河槽。

从冲淤量沿程分布来看，宜昌至城陵矶段平滩河槽冲刷量为13.06亿立方米，占宜昌至湖口段总冲刷量的54%；城陵矶至汉口段、汉口至湖口段平滩河槽冲刷量分别为4.69亿立方米、6.31亿立方米，分别占宜昌至湖口段总冲刷量的20%、26%。

表 4.1-1　　不同时段宜昌至湖口段河床冲淤量对比（平滩河槽）

项目	时段	宜昌—枝城	荆江	城陵矶—汉口	汉口—湖口	宜昌—湖口
河段长度（千米）		60.8	347.2	251	295.4	954.4
总冲淤量（万立方米）	1975—2002 年	−14400	−29804	10726	16607	−16871
	2002 年 10 月至 2006 年 10 月	−8138	−32830	−5990	−14679	−61637
	2006 年 10 月至 2008 年 10 月	−2230	−3569	+197	+4693	−909
	2008 年 10 月至 2018 年 10 月	−6324	−77415	−41134	−53132	−178005
	2002 年 10 月至 2018 年 10 月	−16692	−113814	−46927	−63118	−240551
	2017 年 10 月至 2018 年 10 月	0	−8728	−7754	−11693	−28175
年均冲淤量（万立方米）	1975—2002 年	−533	−1104	+397	+615	−625
	2002 年 10 月至 2006 年 10 月	−2035	−8208	−1198	−2936	−14377
	2006 年 10 月至 2008 年 10 月	−1115	−1785	+99	+2347	−454
	2008 年 10 月至 2018 年 10 月	−632	−7742	−4113	−5313	−17800
	2002 年 10 月至 2018 年 10 月	−1043	−7113	−2760	−3713	−14629
	2017 年 10 月至 2018 年 10 月	0	−8728	−7754	−11693	−28175
年均冲淤强度（万立方米/千米）	1975—2002 年	−8.8	−3.2	+1.6	+2.1	−0.7
	2002 年 10 月至 2006 年 10 月	−33.5	−23.6	−4.8	−9.9	−15.1
	2006 年 10 月至 2008 年 10 月	−18.3	−5.1	+0.4	+7.9	−0.5
	2008 年 10 月至 2018 年 11 月	−10.4	−22.3	−16.4	−18	−18.7
	2002 年 10 月至 2018 年 10 月	−17.2	−20.5	−11	−12.6	−15.3
	2017 年 10 月至 2018 年 10 月	0.0	−25.1	−30.9	−39.6	−29.5

注　1. 计算水位为 47.25m（宜昌）—43.81m（枝城）—34.47m（藕池口）—23.55m（城陵矶）—20.98m（汉口）—15.47m（湖口）。

2. 城陵矶至湖口段 2002 年 10 月地形（断面）资料采用 2001 年 10 月资料。

3. “+”表示河道淤积，“−”表示河道冲刷，下同。

从冲淤量沿程分布来看，2002 年 10 月至 2006 年 10 月（三峡水库围堰蓄水期），宜昌至湖口段普遍冲刷，平滩河槽冲刷量 6.164 亿立方米，其中宜昌至枝城段冲刷强度最大，枝城至城陵矶段次之；2006 年 10 月至 2008 年 10 月（三峡水库运用初期），河段略有冲刷，平滩河槽冲刷量 0.091 亿立方米；2008 年 10 月后（三

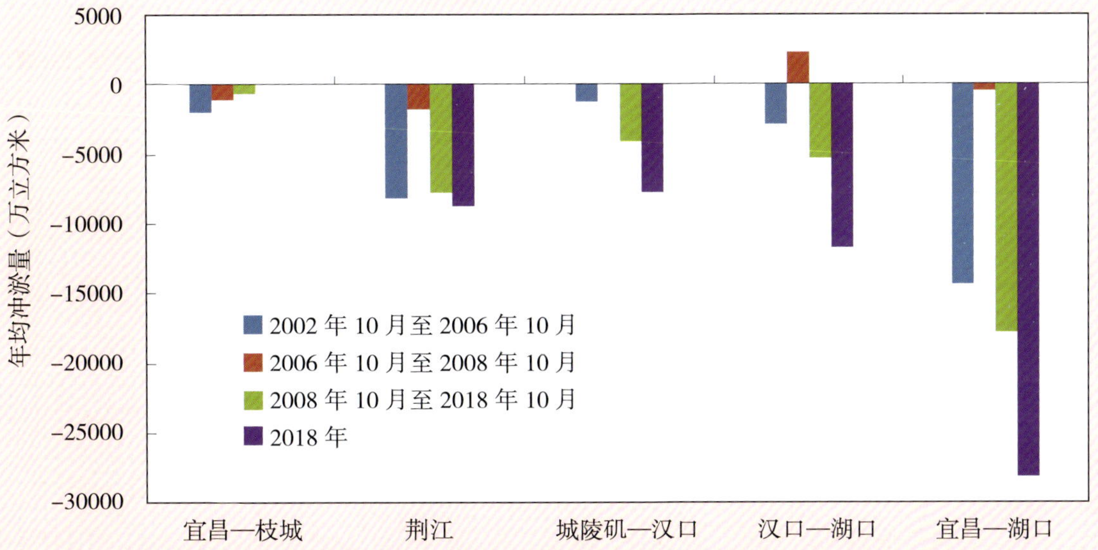

图 4.1-1 2003 年以来宜昌至湖口段河床年均冲淤量对比（平滩河槽）

峡水库试验蓄水期），河段冲刷强度又有所增大，2008 年 10 月至 2018 年 10 月，平滩河槽冲刷量 17.80 亿立方米，年均冲刷量 1.78 亿立方米，其中以荆江河段冲刷强度为最大。

2017 年 10 月至 2018 年 10 月，宜昌至湖口段平滩河槽冲刷量 2.82 亿立方米，单位河长（千米）冲刷量约 30 万立方米，宜昌至城陵矶段、城陵矶至湖口段分别占总冲刷量的 31%、69%，冲刷强度沿程递增。该时段宜昌至枝城段冲淤相对平衡，荆江河段冲刷量 0.87 亿立方米，城陵矶至汉口段冲刷量 0.78 亿立方米，汉口至湖口段冲刷量 1.17 亿立方米。

（2）湖口至江阴段

三峡水库蓄水运用前，1975—2001 年湖口至江阴段河床累计淤积泥沙 1.273 亿立方米；三峡水库蓄水运用后，2001 年 10 月至 2018 年 10 月平滩河槽冲刷量 13.11 亿立方米，单位河长（千米）冲刷量约 198 万立方米，其中湖口至大通段冲刷量 4.30 亿立方米，大通至江阴段冲刷量 8.81 亿立方米，分别占总冲刷量的 33%、67%，见表 4.1-2、图 4.1-2。

2017 年 10 月至 2018 年 10 月，湖口至江阴段平滩河槽冲刷量 0.882 亿立方米，其中湖口至大通段、大通至江阴段分别占 36%、64%。

表 4.1–2　　不同时段湖口至江阴段河床冲淤量对比（平滩河槽）

项目	时段	湖口—大通	大通—江阴	湖口—江阴
总冲淤量（万立方米）	1975—2001 年	17882	–5154	12728
	2001 年 10 月至 2006 年 10 月	–7986	–15087	–23073
	2006 年 10 月至 2011 年 10 月	–7611	–38150	–45761
	2011 年 10 月至 2018 年 10 月	–27387	–34869	–62256
	2001 年 10 月至 2018 年 10 月	–42984	–88106	–131090
	2017 年 10 月至 2018 年 10 月	–3192	–5630	–8822
年均冲淤量（万立方米）	1975—2001 年	688	–198	490
	2001 年 10 月至 2006 年 10 月	–1597	–3017	–4615
	2006 年 10 月至 2011 年 10 月	–1522	–7630	–9152
	2011 年 10 月至 2018 年 10 月	–3912	–4981	–8894
	2001 年 10 月至 2018 年 10 月	–2528	–5183	–7711
	2017 年 10 月至 2018 年 10 月	–3192	–5630	–8822
年均冲淤强度（万立方米 / 千米）	1975—2001 年	3.0	–0.5	0.7
	2001 年 10 月至 2006 年 10 月	–7.0	–7.0	–7.0
	2006 年 10 月至 2011 年 10 月	–6.7	–17.7	–13.9
	2011 年 10 月至 2018 年 10 月	–17.2	–11.5	–13.5
	2001 年 10 月至 2018 年 10 月	–11.1	–12.0	–11.7
	2017 年 10 月至 2018 年 10 月	–14.0	–13.1	–13.4

注　计算水位为 15.47m（湖口）—10.06m（大通）—2.66m（江阴）。

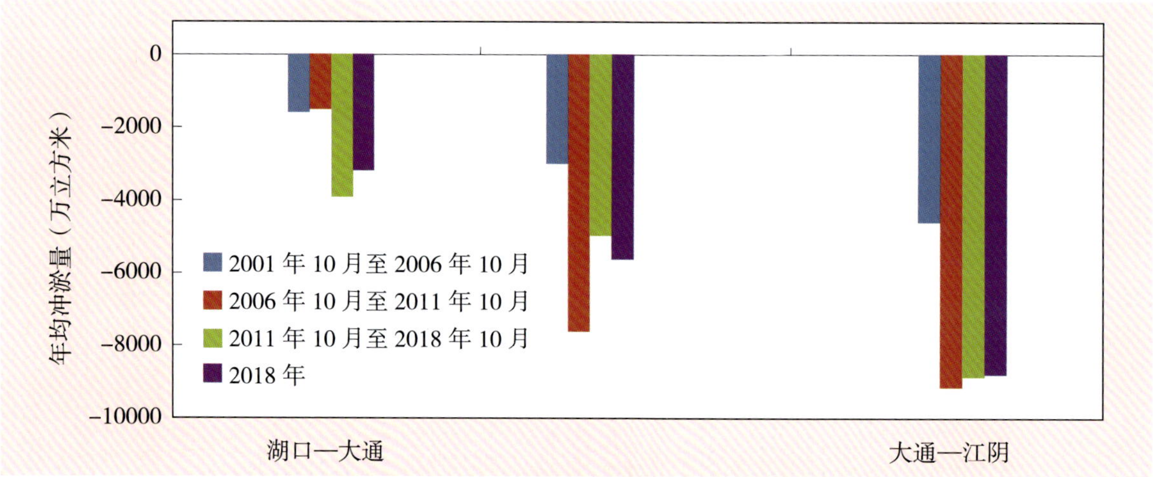

图 4.1–2　2003 年来湖口至江阴河段河床年均冲淤量对比（平滩河槽）

（3）江阴以下段

江阴以下段由澄通河段和长江口河段组成。其中澄通河段 1984—2001 年 0 米以下河槽冲刷量 0.419 亿立方米，2001 年 10 月至 2018 年 10 月冲刷量 5.84 亿立方米，年均冲刷量 0.344 亿立方米；长江口河段北支 1984—2001 年 0 米以下河槽淤积量 4.13 亿立方米，南支冲刷量 2.69 亿立方米；2001 年 10 月至 2018 年 10 月北支河段河槽淤积量 2.61 亿立方米、年均淤积量为 0.153 亿立方米，南支河段河槽冲刷量 4.07 亿立方米、年均冲刷量 0.239 亿立方米，见表 4.1–3。

2017 年 11 月至 2018 年 10 月，北支、南支河段 0 米以下河槽分别冲刷量 0.119 亿立方米、0.402 亿立方米。

表 4.1–3　不同时段江阴以下段河床冲淤量对比（0 米以下河槽）

项目	时段	澄通河段	北支河段	南支河段
总冲淤量（万立方米）	1984—2001 年	–4191	41300	–26980
	2001 年 10 月至 2006 年 10 月	–8651	10227	–14633
	2006 年 10 月至 2011 年 10 月	–24066	844	–14777
	2011 年 10 月至 2018 年 10 月	–25693	15004	–11294
	2001 年 10 月至 2018 年 10 月	–58410	26075	–40704
	2017 年 11 月至 2018 年 10 月	–5105	–1190	–4023
年均冲淤量（万立方米）	1984—2001 年	–247	2429	–1587
	2001 年 10 月至 2006 年 10 月	–1730	2045	–2927
	2006 年 10 月至 2011 年 10 月	–4813	169	–2955
	2011 年 10 月至 2018 年 10 月	–3670	2143	–1613
	2001 年 10 月至 2018 年 10 月	–3436	1534	–2394
	2017 年 11 月至 2018 年 10 月	–5105	–1190	–4023
年均冲淤强度（万立方米 / 千米）	1984—2001 年	–2.5	27.0	–21.4
	2001 年 10 月至 2006 年 10 月	–17.9	22.7	–39.4
	2006 年 10 月至 2011 年 10 月	–49.7	1.9	–39.8
	2011 年 10 月至 2018 年 10 月	–37.9	23.8	–21.7
	2001 年 10 月至 2018 年 10 月	–35.5	17.0	–32.2
	2017 年 11 月至 2018 年 10 月	–52.7	–13.2	–54.1

注　澄通河段 1984 年地形（断面）资料采用 1983 年资料。

4.2 河道演变

2003年以来，长江中下游干流河道发生长时间、长距离冲刷，冲刷强度较蓄水前明显增大。在长期河道（航道）治理基础上，近期又实施重点崩岸治理工程、应急抢险守护工程及航道整治工程，有效控制了河道的平面形态，长江中下游干流河道河势总体基本稳定，部分河段河势发生一定调整，局部河段河势变化较大。长江中下游干流河道沿程边界条件及河型各异，表现出不同的演变特点。

（1）宜昌至枝城段

宜昌至枝城段全长约60.8千米，区间内右岸有支流清江在宜都附近入汇。河段两岸由丘陵阶地组成，抗冲能力强，沿程基岩节点控制，多年来主流平面位置、滩槽格局未发生较大变化，河势较为稳定，近期河势见图4.2–1。

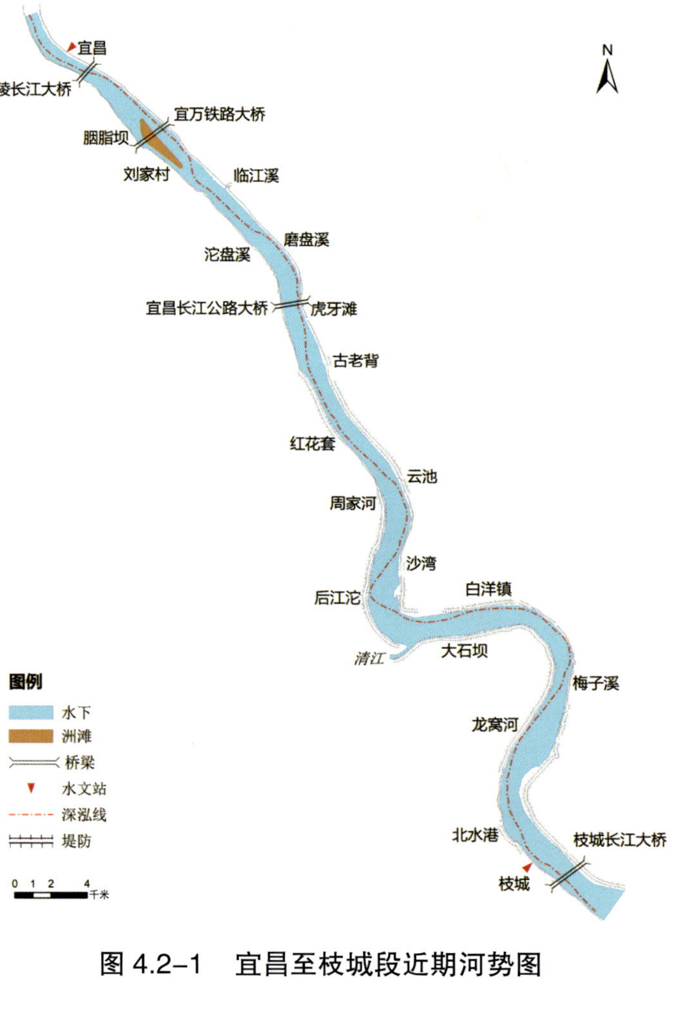

图4.2–1　宜昌至枝城段近期河势图

2003 年以来，宜昌至枝城段河道演变主要表现为：①河床以纵向冲刷下切为主，深槽冲刷扩展，深泓纵剖面平均冲刷下切 4.0 米，其中宜昌河段主槽平均冲深 1.8 米、最大冲深 5.5 米，宜都河段主槽平均冲深 6.0 米、最大冲深 24.3 米，25 米高程深槽面积由 2003 年不足 1000 万平方米，扩大至 2018 年近 2100 万平方米。②洲滩面积总体有所萎缩，2003 年前 35 米高程洲滩总面积约为 950 万平方米，2018 年减至 590 万平方米左右。③河床表层床沙粗化明显，河床组成由沙夹卵石粗化为卵石夹沙，宜昌站床沙中值粒径由 2002 年汛后的 0.175 毫米粗化为 2018 年汛后的 47.5 毫米。

（2）枝城至城陵矶段

枝城至城陵矶段，又称荆江河段，长约 347.2 千米，以藕池口为界分为上、下荆江。左岸有沮漳河入汇，右岸有松滋口、太平口、藕池口及调弦口（1959 年建闸控制）分流至洞庭湖，与湘、资、沅、澧四水汇合后于城陵矶复注长江。经过多年治理，荆江河段河道岸线及江心洲滩形态基本稳定，总体河势基本得到控制，近期河势见图 4.2–2。

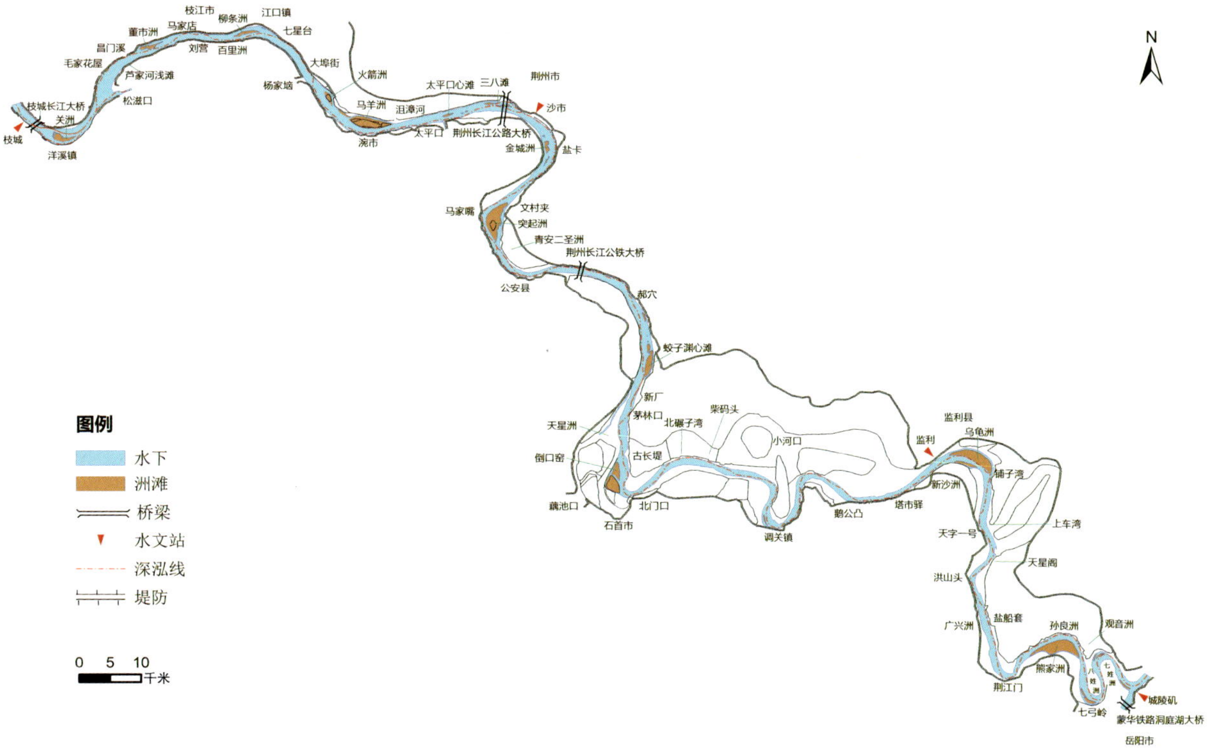

图 4.2–2　枝城至城陵矶段近期河势图

2003 年以来，荆江河段河道演变主要表现为：①局部河段年内主流摆动幅度较大，少数河段河势调整仍较为剧烈，如上荆江关洲至芦家河段、太平口心滩至三八滩段主支汊年内分流变化较频繁，主流平面位置摆幅较大；下荆江石首河弯段、熊家洲至城陵矶段主流位置因岸线崩退出现较大调整。②河床纵向冲刷下切明显，河床断面形态向窄深方向发展。2003—2018 年，上荆江枝江、沙市和公安河段深泓平均冲深分别为 3.86 米、4.24 米和 1.79 米，下荆江石首、监利河段深泓平均冲深分别为 4.24 米、1.35 米。③上荆江分汊段短支汊冲刷发展快，下荆江调关、中洲子、荆江门、七弓岭、观音洲等急弯段切滩撇弯现象初步显现，水流顶冲点下移。④受水流顶冲点变化，近岸河床冲刷、岸坡变陡等影响，河道崩岸仍时有发生，如上荆江毛家花屋、雷州边滩上段、青安二圣洲下段、南五洲中下段及下荆江石首北门口下段、八姓洲和七姓洲西侧沿线、观音洲末端等处发生新的崩岸险情，上荆江七星台、学堂洲以及下荆江北碾子湾、天字一号等处出现护岸工程局部损毁现象。

（3）城陵矶至武汉段

城陵矶至武汉段长约 275.1 千米，区间内支流汉江、府澴河、陆水、金水入汇，沿江两岸分布众多节点，或两岸对峙，或一岸突出，对河型形成和河道平面形态起着控制性作用，多年来总体河势基本稳定。城陵矶至武汉段近期河势见图 4.2-3。

2003 年以来，城陵矶至武汉段河道演变主要表现为：①局部河段主流摆动幅度较大，如界牌河段主流平面摆幅较大、浅滩过渡段变化频繁，嘉鱼河段燕子窝附近水流分散、滩槽不稳。②部分主支汊地位较为悬殊的汊道段“主长支消”现象初步显现，如陆溪口河段的中洲汊道、嘉鱼河段的护县洲汊道、簰洲湾河段的团洲汊道等；河道内江心洲高滩冲刷。③河道内两岸边滩分割合并、上伸下延、淤长冲失等，如岳阳河段仙峰洲和武汉河段的汉阳边滩、汉口边滩、青山边滩等。④局部河段发生崩岸险情，如簰洲湾河段虾子沟堤段 2017 年 2 次出现长度超过 100 米的崩岸险情。

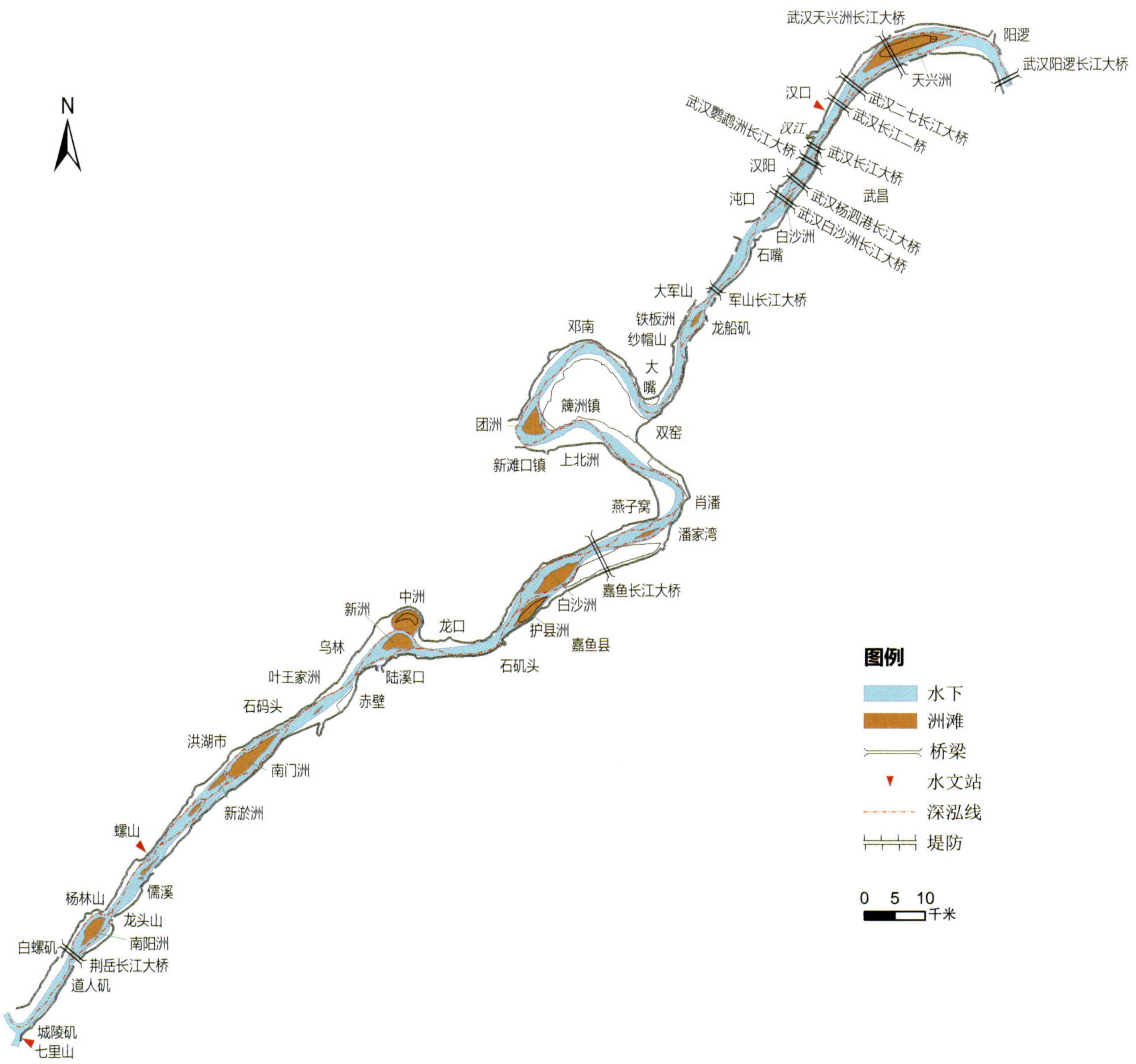

图 4.2-3 城陵矶至武汉段近期河势

（4）武汉至湖口段

武汉至湖口段长约272千米，有倒水、举水、巴水、浠水、蕲水、富水等支流入汇，且两岸有较多通江湖泊。沿江两岸山体对河势有较好的控制作用，总体河势基本稳定。武汉至湖口河段近期河势见图 4.2-4。

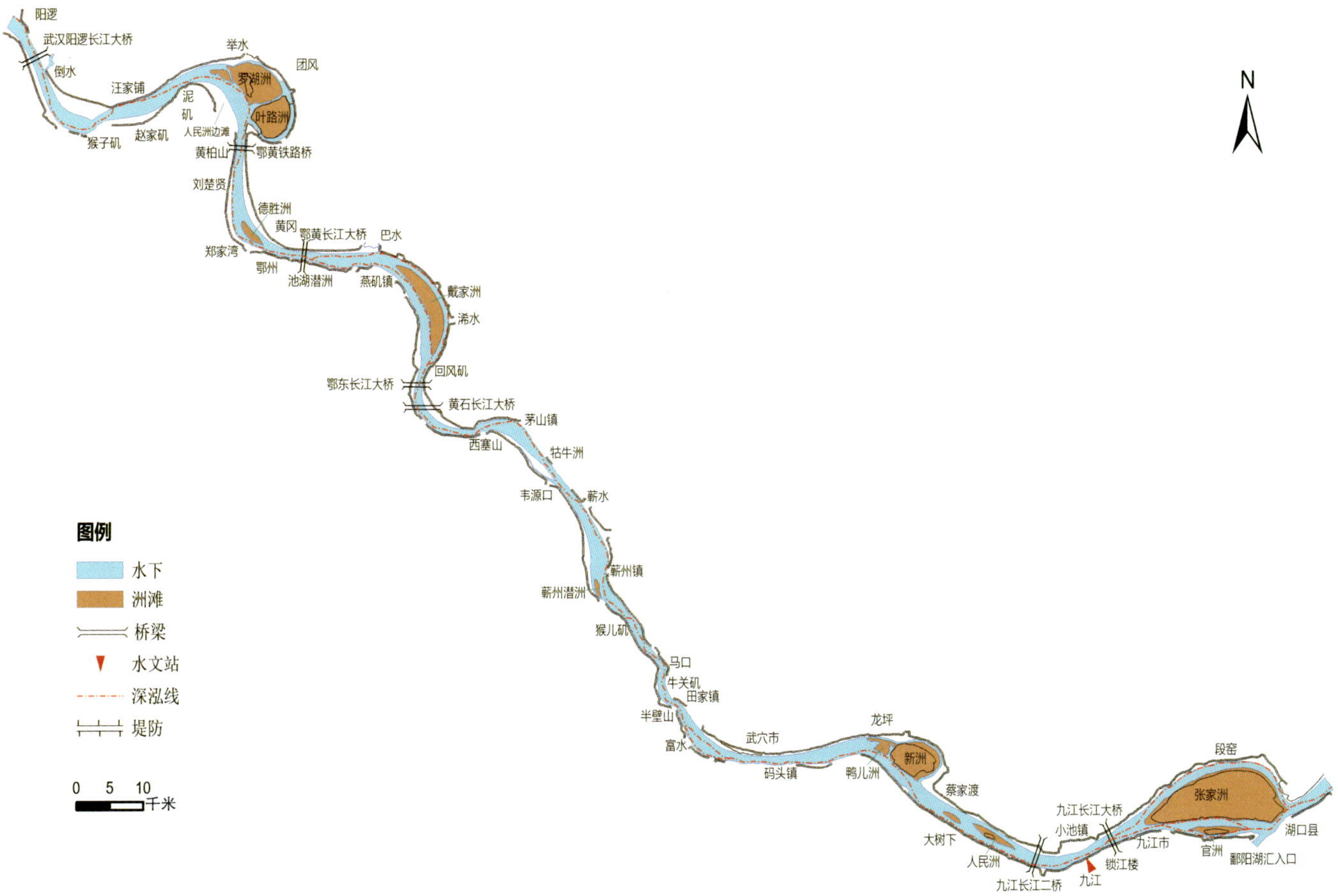

图 4.2–4　武汉至湖口段近期河势

2003 年以来，武汉至湖口段河道演变主要表现为：①受两岸山体、阶地控制，单一河型河道平面形态、主流位置、滩槽格局相对稳定，如黄石至武穴段。②汊道段主汊地位进一步巩固，少数汊道分流态势仍处于调整之中。戴家洲河段的戴家洲汊道、龙坪河段的新洲汊道、九江河段的张家洲汊道仍表现为“左衰右兴”，九江河段的人民洲汊道左（支）汊近期分流比有所增加。③近年来，河道治理和航道整治工程实施后，河段内洲滩逐渐趋于稳定，如边滩与江心滩来回转化的团风河段人民洲边滩、韦源口河段牯牛洲、田家镇河段蕲州潜洲等。④局部险工段仍有崩岸发生，如 2016 年黄冈团林段堤外发生长约 100 米崩岸险情，距堤脚最近约 20 米。

（5）湖口至大通段

湖口至大通段长约 228 千米，有华阳河、皖河等支流入汇。河道右岸分布多处自然节点，地质条件总体好于左岸，总体河势基本稳定。湖口至大通段近期河势见图 4.2-5。

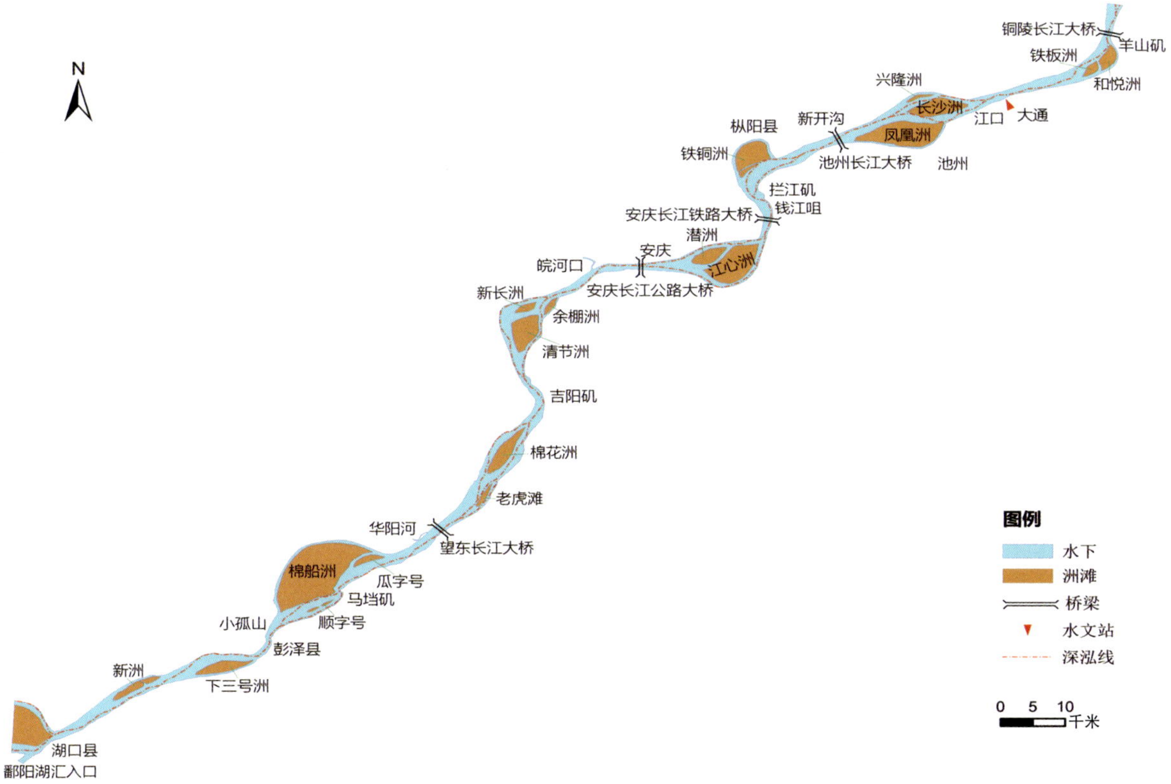

图 4.2-5　湖口至大通段近期河势

2003 年以来，湖口至大通段河道演变主要表现为：①河道内江心洲十分发育，在主汊或较大支汊内，形成不稳定的二级分汊，影响主支汊分流格局、河势稳定和航运安全。如安庆河段鹅眉洲与潜洲间的新中汊的冲淤变化，造成汊道分流比发生较大调整，马垱河段棉船洲右汊二级汊道顺字号洲头冲刷和左槽的发展对航道带来不利的影响等。②迎流顶冲段及江心洲崩岸时有发生，如官洲河段西门至振风塔段出现新的崩岸险情，棉船洲右缘中下段、老虎滩左右侧、玉带洲洲头、清节洲右侧上部、峨眉洲汊道内潜洲左侧及峨眉洲左缘、铁铜洲洲头及右侧、长沙洲左侧等发生不同程度冲刷崩退。③河道内深槽普遍刷深展宽下移，部分河段近岸河床冲刷明显、岸坡稳定性变差。

（6）大通至江阴段

大通至江阴段长约 431.4 千米，有巢湖水系入汇，京杭大运河在镇扬河段中部穿越长江，淮河在扬中河段入汇。经过多年自然演变并受人类活动的影响，河道内沙洲多有并岸并洲，河宽呈缩窄趋势，总体河势得到有效控制。大通至江阴段近期河势见图 4.2–6。

图 4.2–6　大通至江阴段近期河势

2003 年以来，大通至江阴段河道演变主要表现为：①受河（航）道整治工程影响，河段内宽窄相间的汊道平面形态较为稳定，大部分主槽相对稳定或呈缓慢平移，汊道分流比变化不大。②部分汊道因冲淤变化引起分流比的小幅调整，如铜陵河段成德洲右汊、镇扬河段世业洲左汊、扬中河段落成洲右汊分流比近期缓慢增大。③洲头前沿心滩或小江心洲不稳导致汊道分流格局大幅调整，如陈家洲汊道中曹姑洲完整与切割状态直接影响各汊道分流比，小黄洲汊道前端三个江心洲（滩）冲淤变化直接影响右汊分流。④洲滩冲淤、迁移、切割或合并，导致出现江心洲并洲并岸、纵向平移，双汊道单向冲淤，边滩切割形成心滩或小江心洲等现象。

⑤近岸贴流冲刷下切岸段崩岸时有发生，2017 年 11 月 8 日扬中市指南村附近江岸发生较大尺度崩岸，崩岸最大进深 190 米，岸线崩塌 540 米，坍失主江堤 440 米。

（7）江阴以下段

江阴以下段长约 278.6 千米，有望虞河、黄浦江等太湖水系入汇。以徐六泾为界分为澄通河段和长江口河段。江阴以下是径流量大、潮汐动力作用强的河段，河道内洲滩十分发育且为多级分汊河型，两岸河港纵横。江阴以下段近期河势见图 4.2–7。

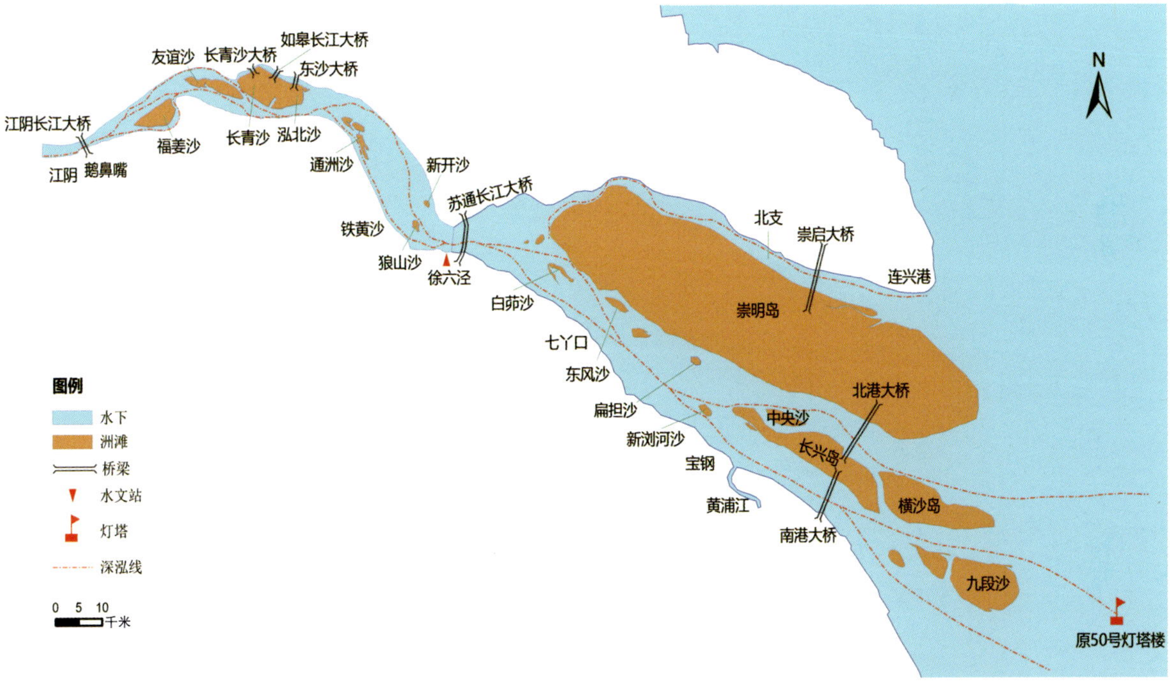

图 4.2–7　江阴以下河段近期河势

2003 年以来，江阴以下河段演变主要表现为：①受保滩护岸整治等人工控制，部分沙岛并岸，河宽缩窄，河口外延，主要汊道分流格局基本稳定。②部分滩岸仍有崩退，局部河势受暗沙切割、合并、下移影响，稳定性仍然较差，如澄通河段双涧沙南缘、长青沙西南角、通洲沙左缘中上段近期发生崩岸，南支河段下段附近新浏河沙、扁担沙及瑞丰沙冲淤多变，导致南、北港分流口呈上提下移变迁之中。③北支河段总体以淤积萎缩为主，北支水沙倒灌南支现象有所减弱。④受涨潮落潮影响，上下游河势变化具有较强的关联性。

5 典型河段河床演变

《河道治理规划》将长江中下游干流划分为30个河段（表2.1-1），考虑到河段地理位置、重要性、不同河型等因素，选取长江中游下荆江河段（蜿蜒河型、重点河段）、簰洲湾河段（弯曲分汊河型、一般河段）、叶家洲河段（弯曲河型、一般河段）及下游安庆河段（多汊河型、重点河段）、铜陵河段（多汊河型、重点河段、感潮河段）5个典型河段开展河床演变分析。

5.1 下荆江河段

下荆江上起藕池口，下至洞庭湖出口处的城陵矶，全长约175.5千米，为典型的蜿蜒型河道。下荆江经多年河势控制工程与护岸工程的实施，已成为限制性弯曲河道。近期河道演变较为剧烈的有石首河弯段、调关河弯段、监利河弯段、熊家洲至城陵矶河段等。

（1）石首河弯段

石首河弯段位于长江中游下荆江河段进口端，上起茅林口，下至北碾子湾，长约31千米，由上下两段长顺直段和中间急弯段组成。河段进口放宽段右岸有藕池口分流，藕池口附近淤积形成天星洲，石首弯道放宽段分布倒口窑、藕池口心滩。石首河弯段近期深泓平面变化见图5.1-1，典型断面冲淤变化见图5.1-2至图5.1-4。

石首河弯段是下荆江近期变化最为剧烈的河段，洲滩冲淤消长交替变化，过渡段主流摆动频繁，具有上下游、左右岸关联性很强的变化特性。近期主流走向总体上表现为石首弯道上段主流逐年偏向右岸，北门口至北碾子湾过渡段主流顶冲点则逐年下移。

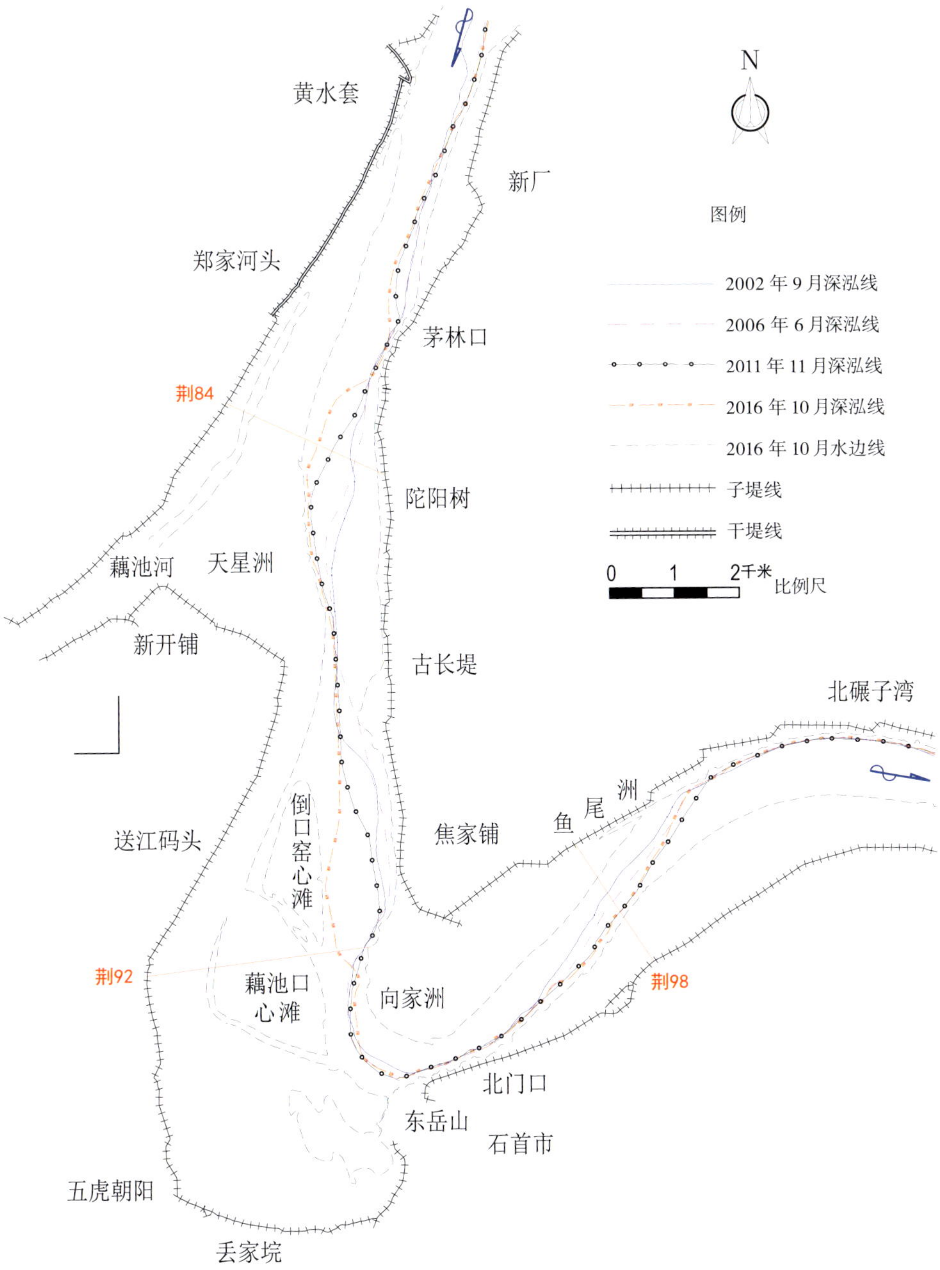

图 5.1-1　石首河弯段近期深泓平面变化

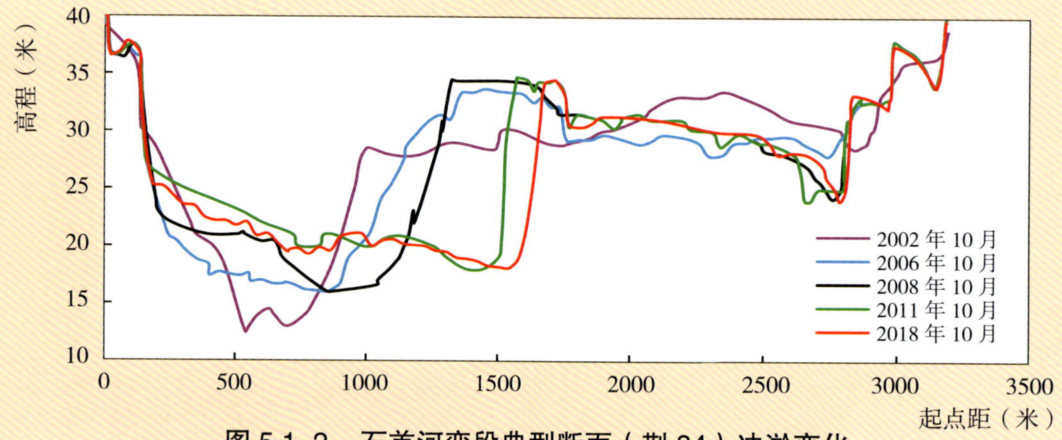

图 5.1–2　石首河弯段典型断面（荆 84）冲淤变化

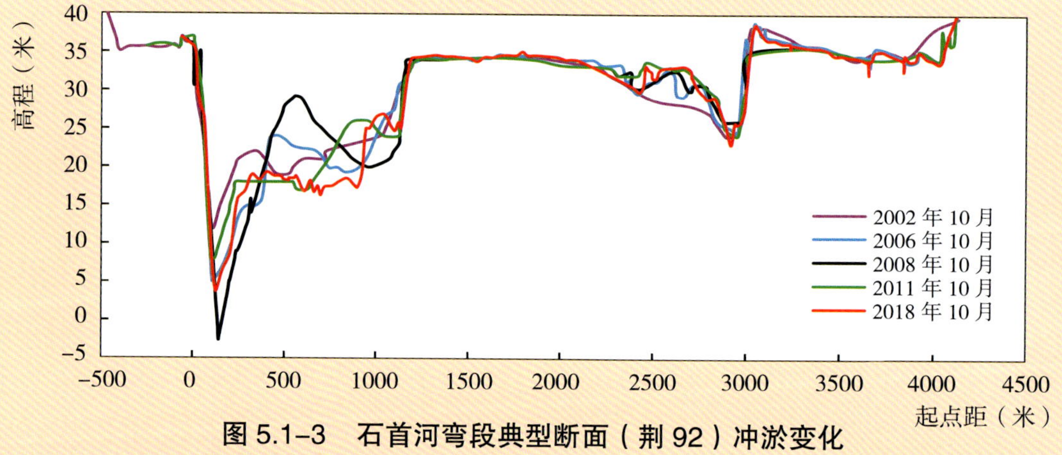

图 5.1–3　石首河弯段典型断面（荆 92）冲淤变化

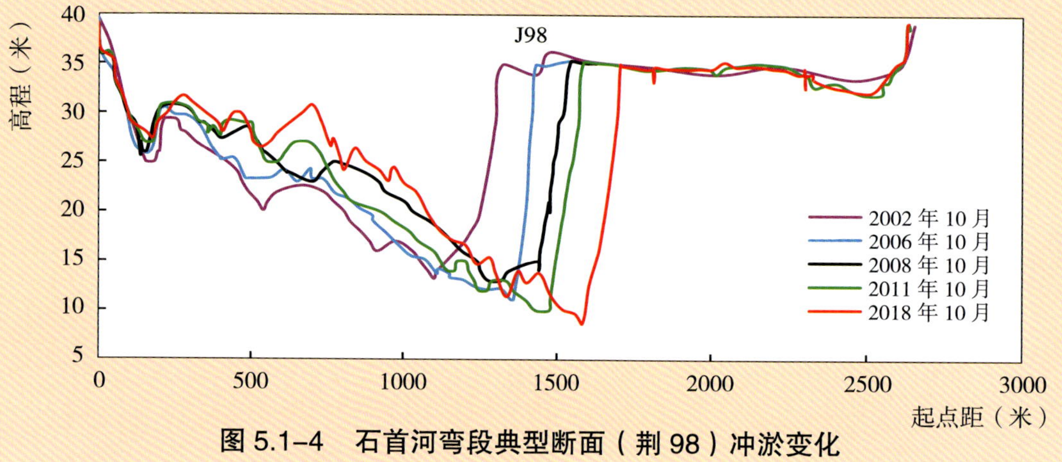

图 5.1–4　石首河弯段典型断面（荆 98）冲淤变化

（2）调关河弯段

调关河弯段上起柴码头，下至鹅公凸，长约 40.3 千米，由金鱼沟、连心垸、中洲子三个反向河弯组成，河段右岸有调弦口分流，已于 1959 年建闸控制。调关河弯段近期深泓平面变化见图 5.1–5，典型断面冲淤变化见图 5.1–6 至图 5.1–8。

调关河弯段近期演变主要表现为：深槽冲刷发展、弯道凸岸崩退以及主流顶冲点的上提下移。2003 年以来，河段连心垸及中洲子弯道均发生不同程度的切滩撇弯现象，即弯道进口凸岸边滩逐年冲刷后退，弯道进口过渡段主流下挫，弯道主流顶冲点下移，深泓逐渐向凸岸摆动，弯顶下段凸岸边滩有所淤积。

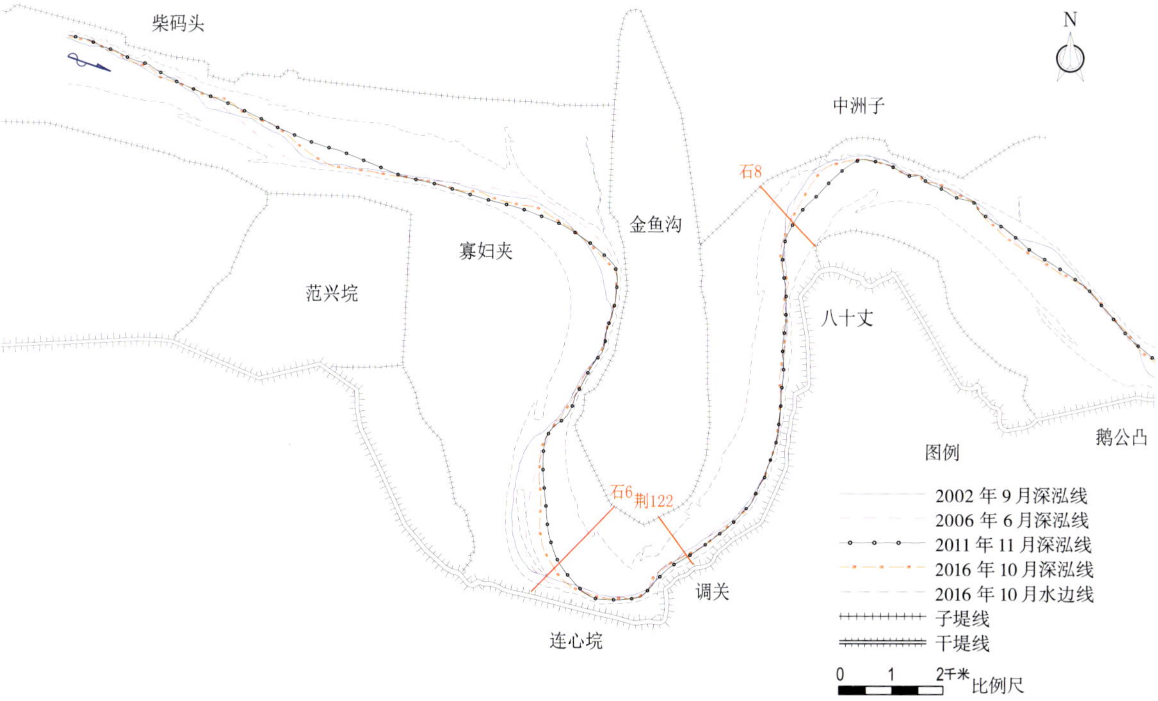

图 5.1–5　调关河弯段近期深泓平面变化

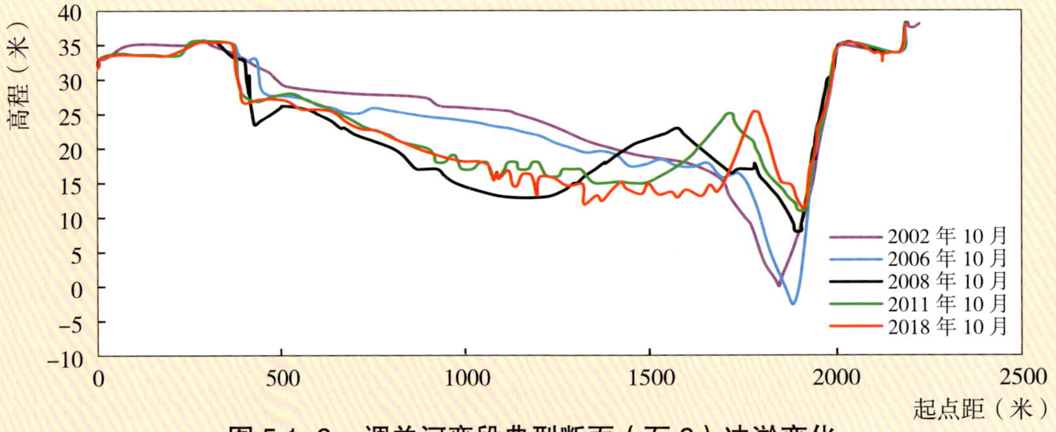

图 5.1-6　调关河弯段典型断面（石 6）冲淤变化

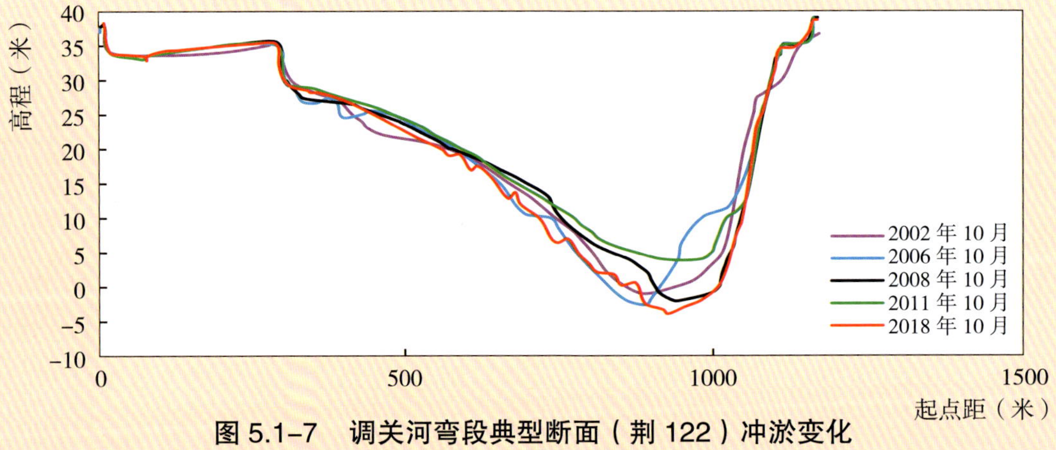

图 5.1-7　调关河弯段典型断面（荆 122）冲淤变化

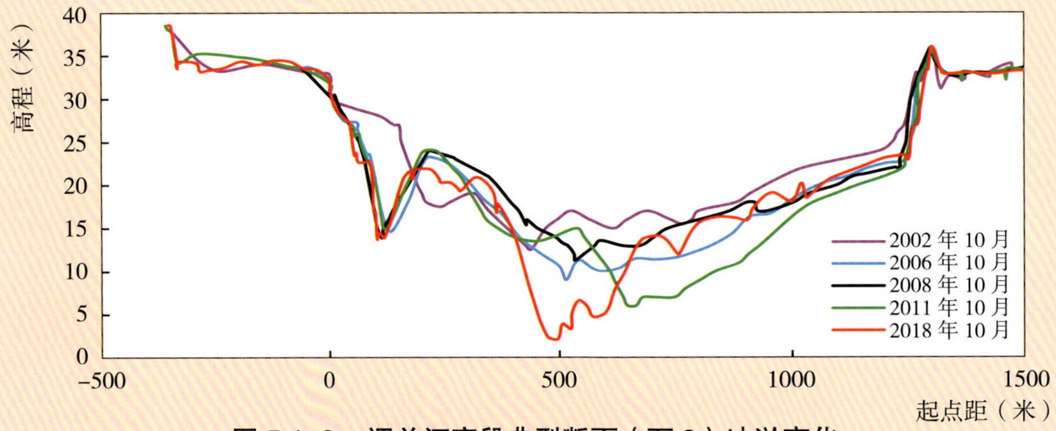

图 5.1-8　调关河弯段典型断面（石 8）冲淤变化

（3）监利河弯段

监利河弯段上起塔市驿，下至天字一号，长约24.9千米，属弯曲分汊型河型。河段两头收窄，中间弯道放宽段分布乌龟洲。监利河弯段近期深泓平面变化见图5.1–9，典型断面冲淤变化见图5.1–10至图5.1–12。

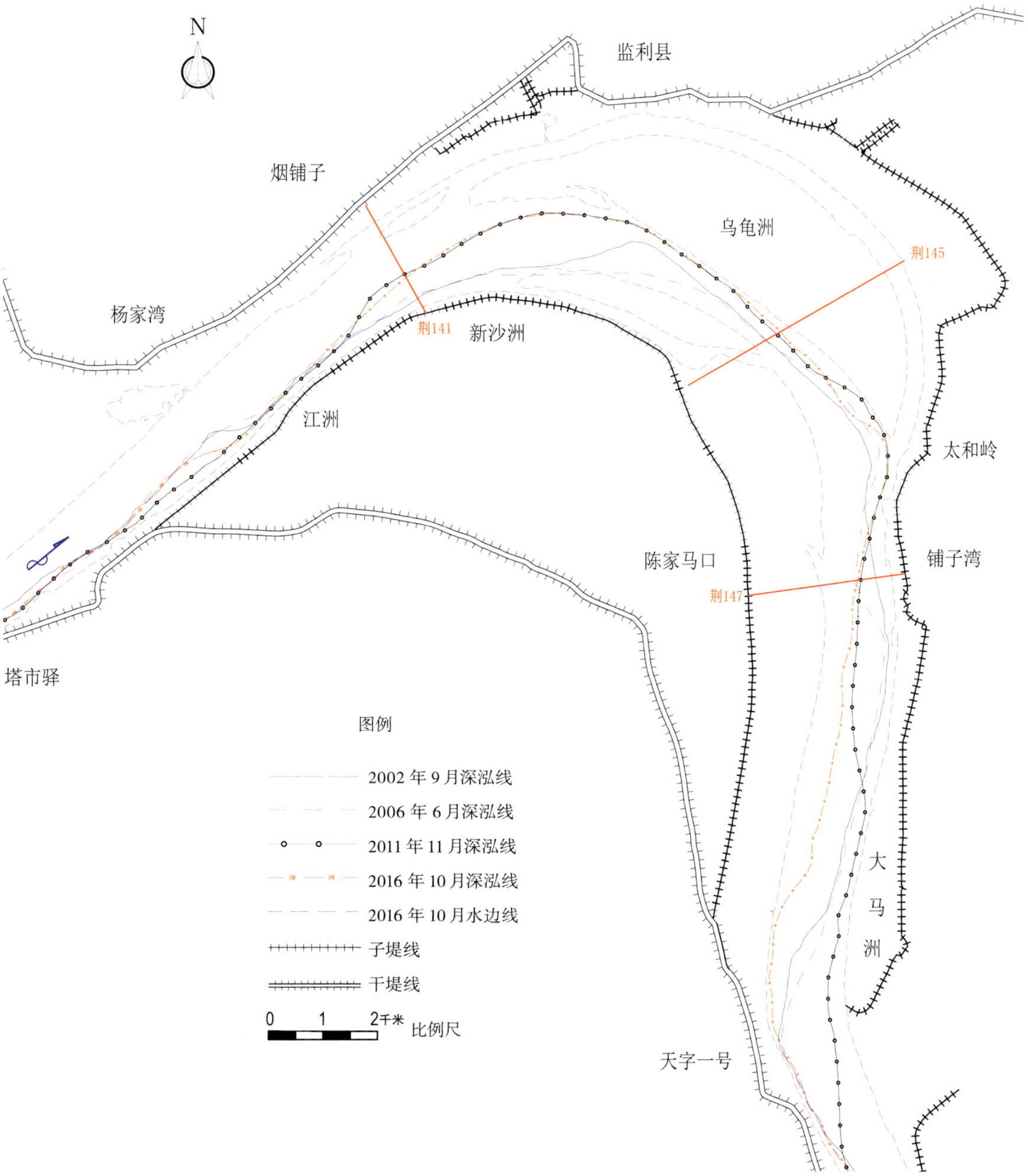

图5.1–9 监利河弯段近期深泓平面变化

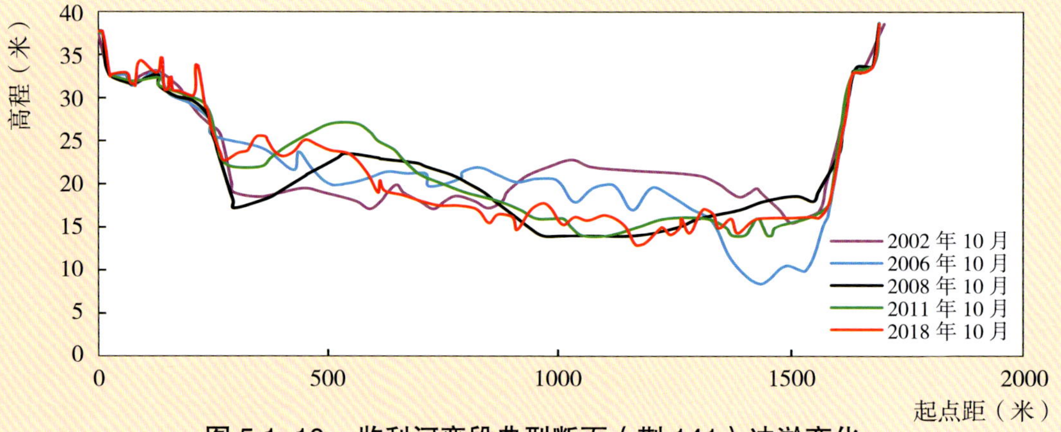

图 5.1-10　监利河弯段典型断面（荆 141）冲淤变化

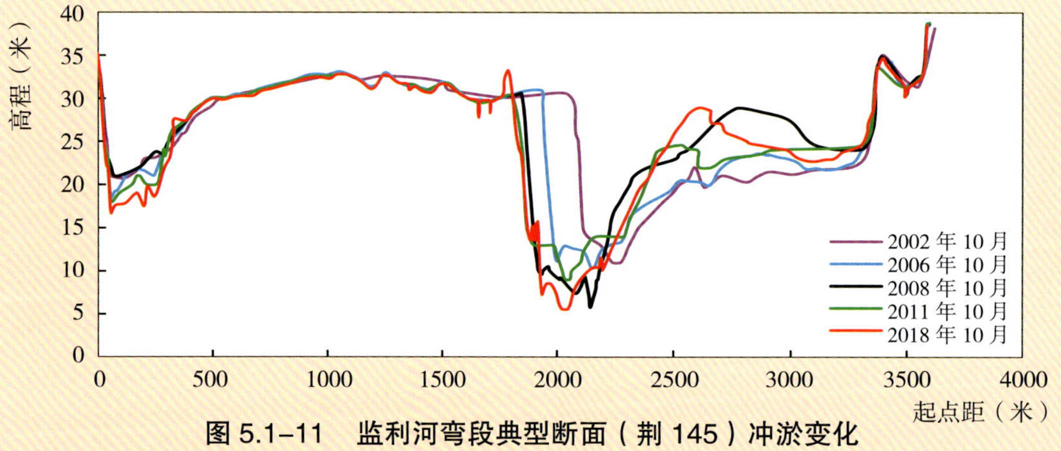

图 5.1-11　监利河弯段典型断面（荆 145）冲淤变化

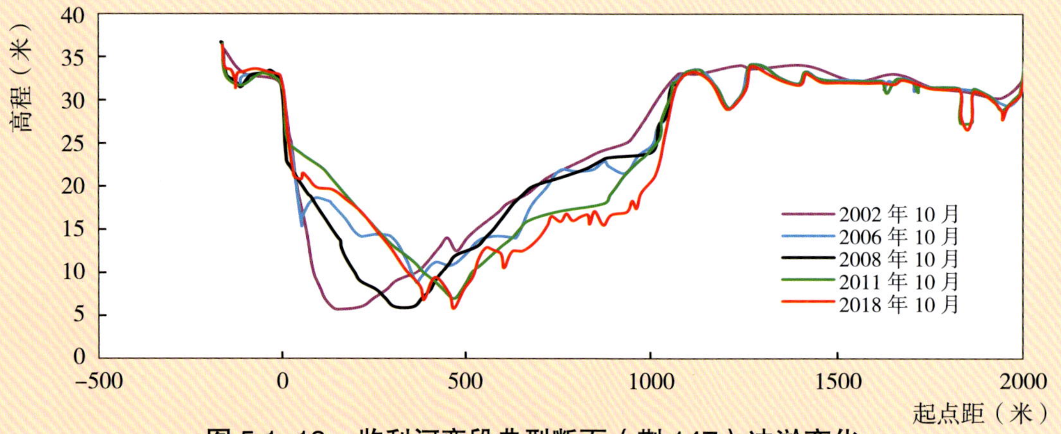

图 5.1-12　监利河弯段典型断面（荆 147）冲淤变化

监利河弯段历史时期具有汊道周期性兴衰交替演变特性。20 世纪 90 年代初，乌龟洲汊道完成了主支汊移位转化，即左汊由主汊萎缩为支汊，右汊则发育为主汊，至今仍维持绝对主汊地位，中枯水期分流比大于 85%。近年来，随着乌龟洲右缘全面守护，其演变特征主要表现为：乌龟洲洲头及大马洲低滩淤积体冲淤变化频繁，太和岭至天字一号过渡段主流大幅摆动。

（4）熊家洲至城陵矶河段

熊家洲至城陵矶河段位于下荆江尾段，上起荆江门，下至城陵矶，长约 43 千米，由荆江门、熊家洲、七弓岭及观音洲 4 个连续反向弯道组成。熊家洲至城陵矶河段近期深泓平面变化见图 5.1–13，典型断面冲淤变化见图 5.1–14 至图 5.1–17。

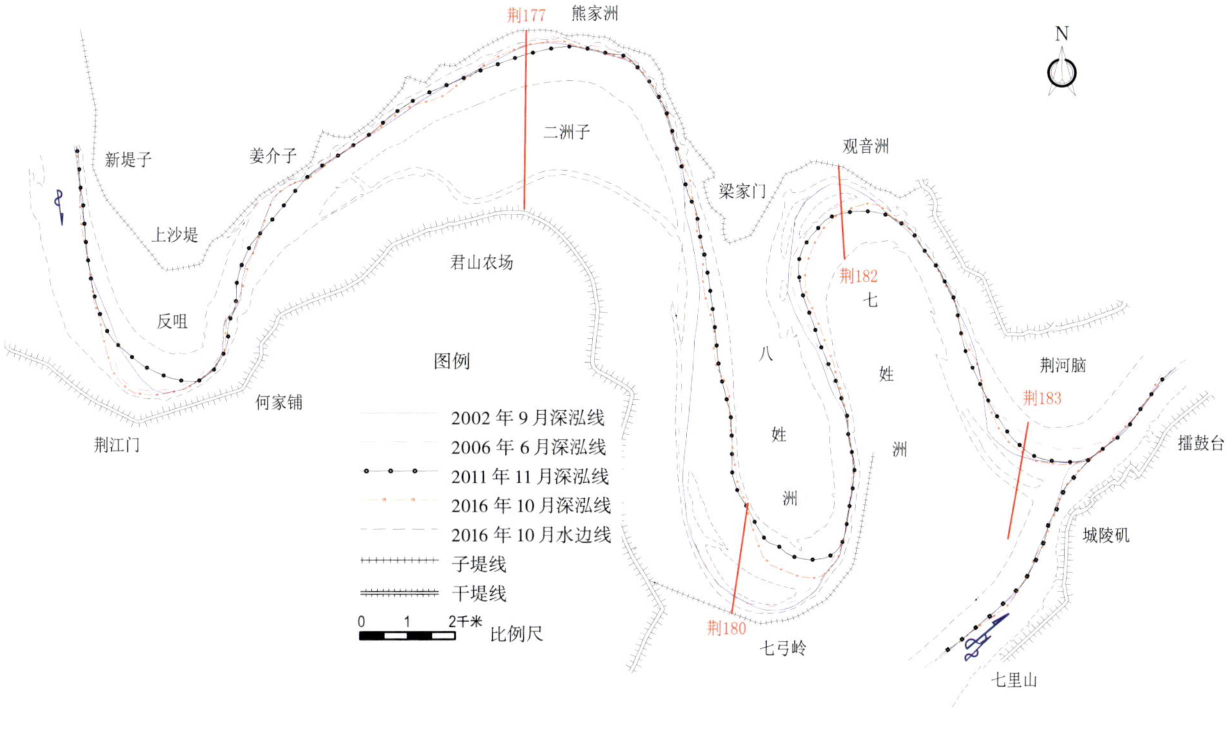

图 5.1–13　熊家洲至城陵矶河段近期深泓平面变化

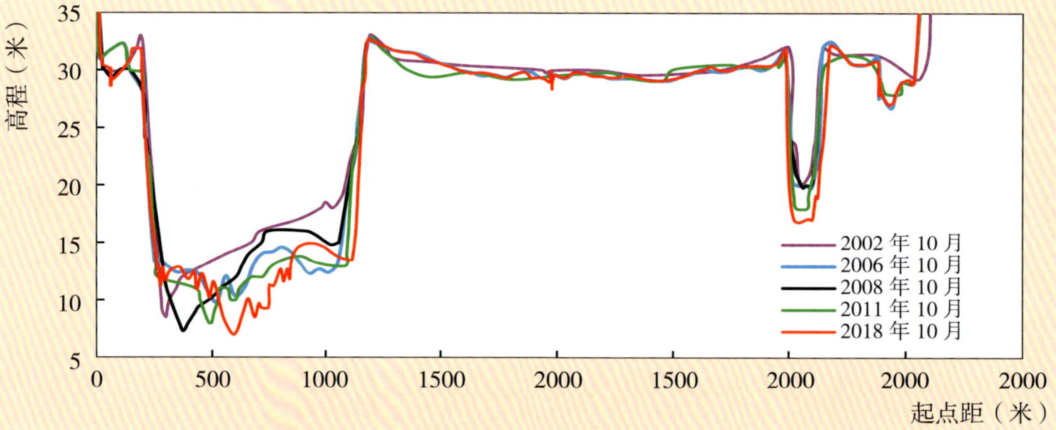

图 5.1-14　熊家洲至城陵矶河段典型断面（荆 177）冲淤变化

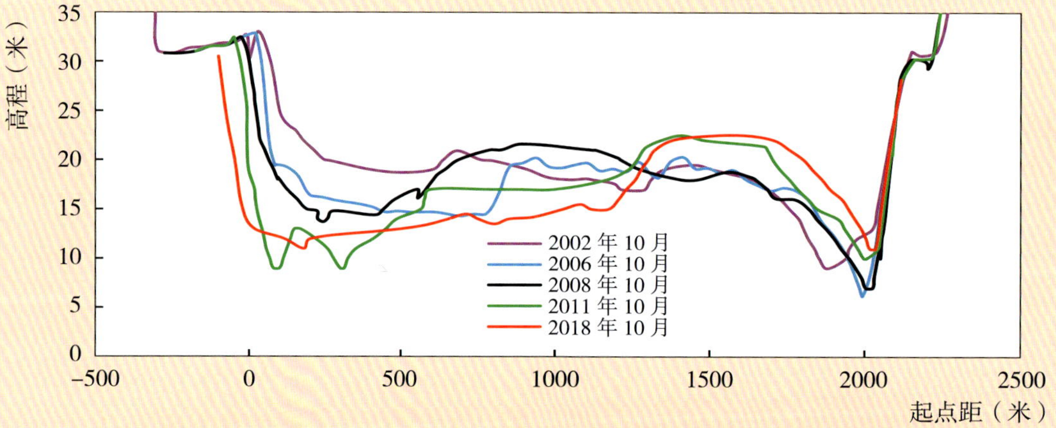

图 5.1-15　熊家洲至城陵矶河段典型断面（荆 180）冲淤变化

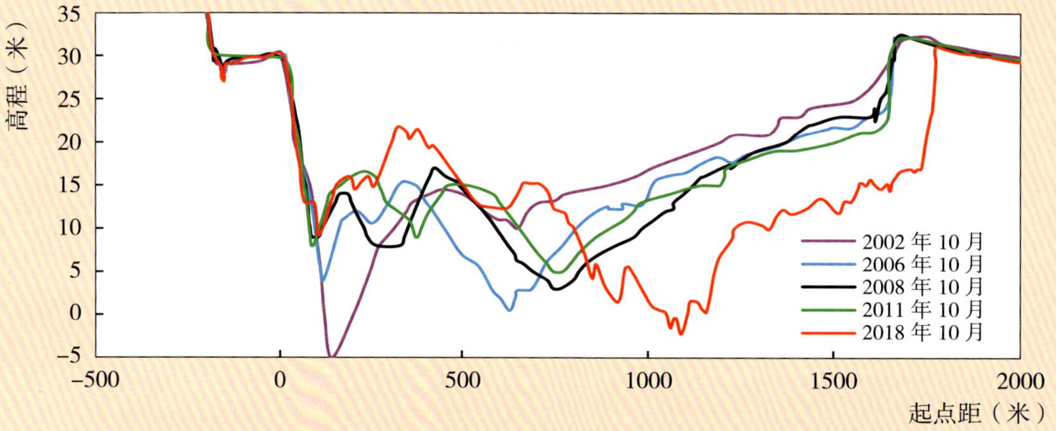

图 5.1-16　熊家洲至城陵矶河段典型断面（荆 182）冲淤变化

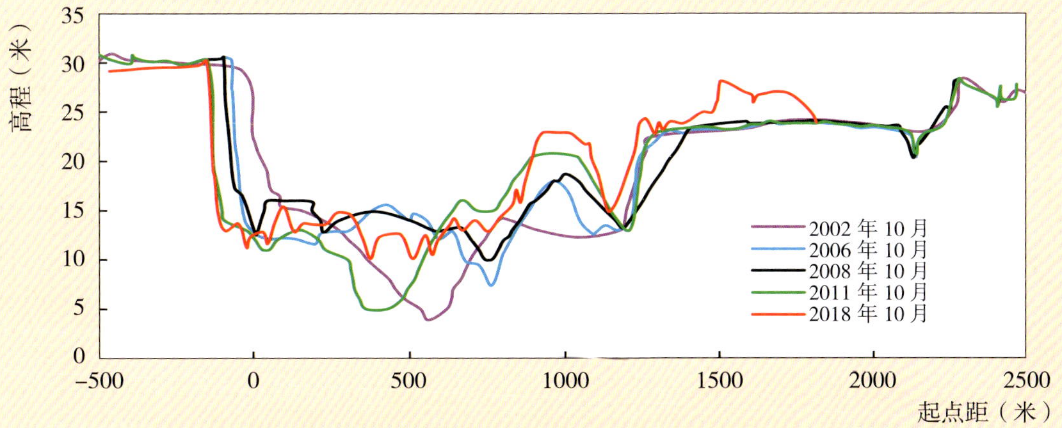

图 5.1–17　熊家洲至城陵矶河段典型断面（荆 183）冲淤变化

2003 年以来，水沙条件的变化引起河段河势发生了较大调整，在弯道凹岸岸线已守护的条件下，即弯道曲率不再增大的情况下荆江门、七弓岭和观音洲弯道出现不同程度的切滩撇弯演变现象，引起七姓洲、八姓洲凸岸部分岸线整体向下平移约 100 米。

5.2　簰洲湾河段

簰洲湾河段上起潘家湾，下至纱帽山，全长 73.8 千米，河道平面形态呈“Ω”字形，是长江中游城陵矶以下最大的弯道，其弯颈（花口至双窑）仅 4 千米，弯曲系数达 15.9。河道内分布有团洲江心洲以及土地洲、上北洲、下北洲边滩。河段在新沟和新滩口分别有新东荆河、老东荆河入汇。簰洲湾河段近期深泓平面变化见图 5.2–1，典型断面冲淤变化见图 5.2–2 至图 5.2–4。

2003 年以来，簰洲湾河段河床普遍冲刷，弯道凹岸近岸冲刷尤为明显；弯道段上深槽淤积变浅，下深槽冲刷下移，弯道顶冲点下移，对岸坡稳定带来不利影响，仅 2017 年虾子沟附近就发生 5 处崩岸。

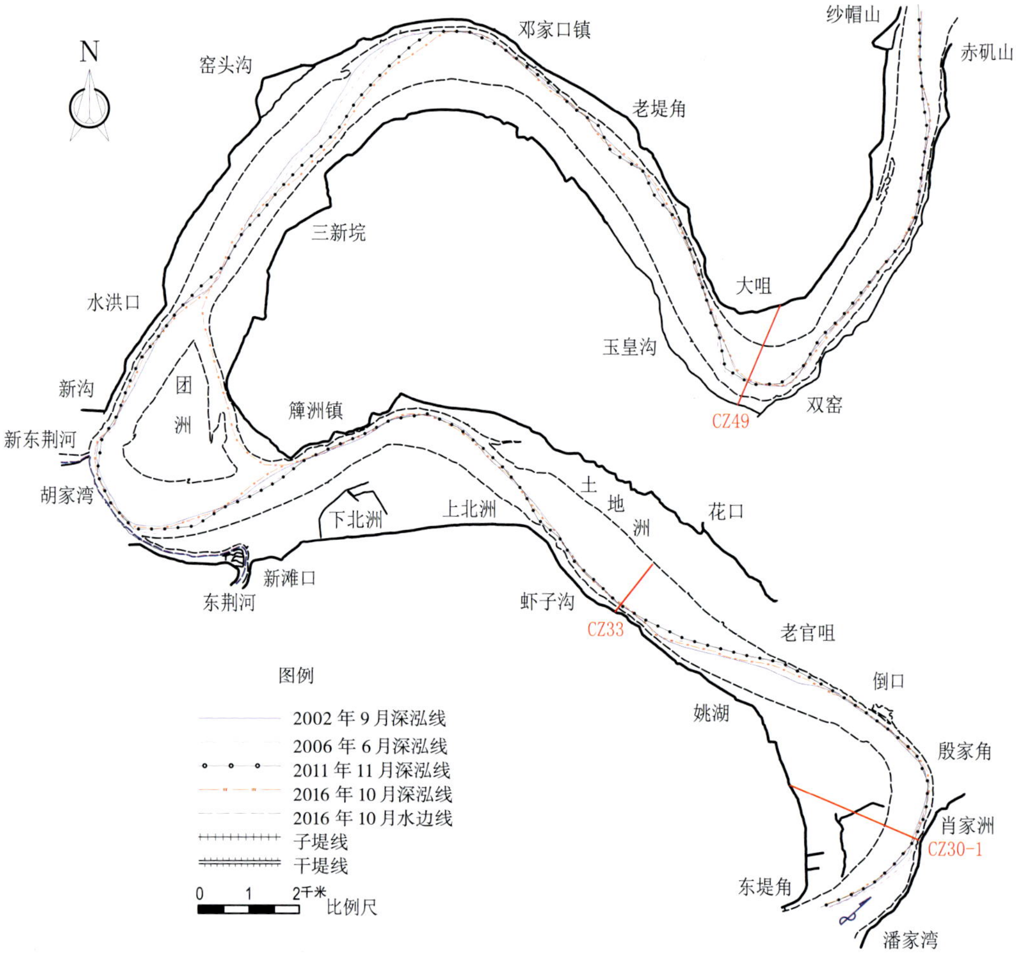

图 5.2-1　簰洲湾河段近期深泓平面变化图

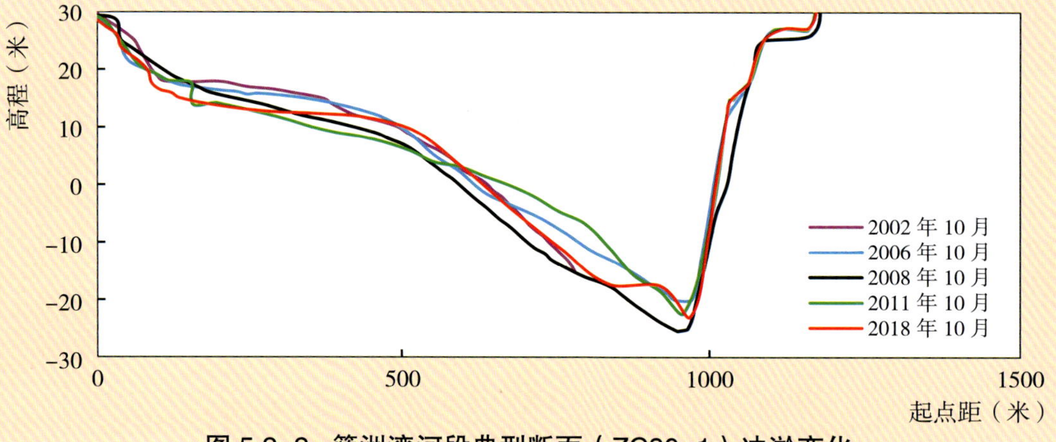

图 5.2-2　簰洲湾河段典型断面（ZC30-1）冲淤变化

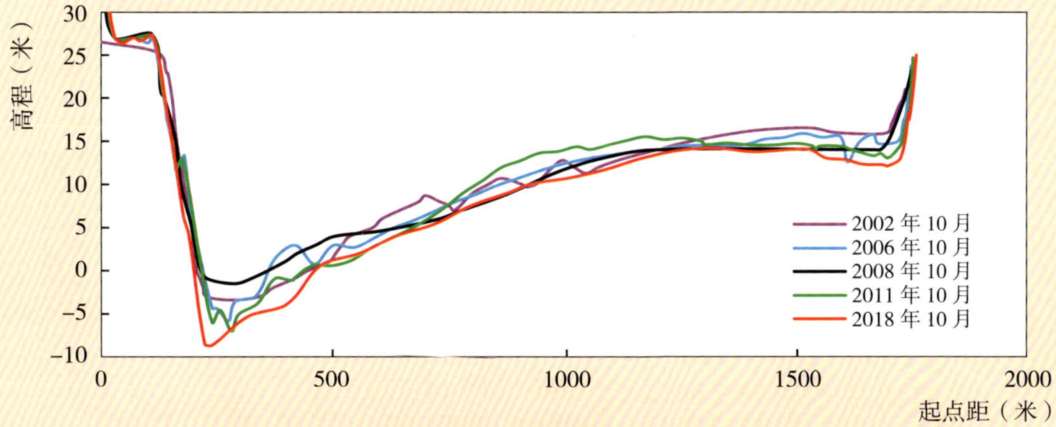

图 5.2–3　簰洲湾河段典型断面（ZC33）冲淤变化

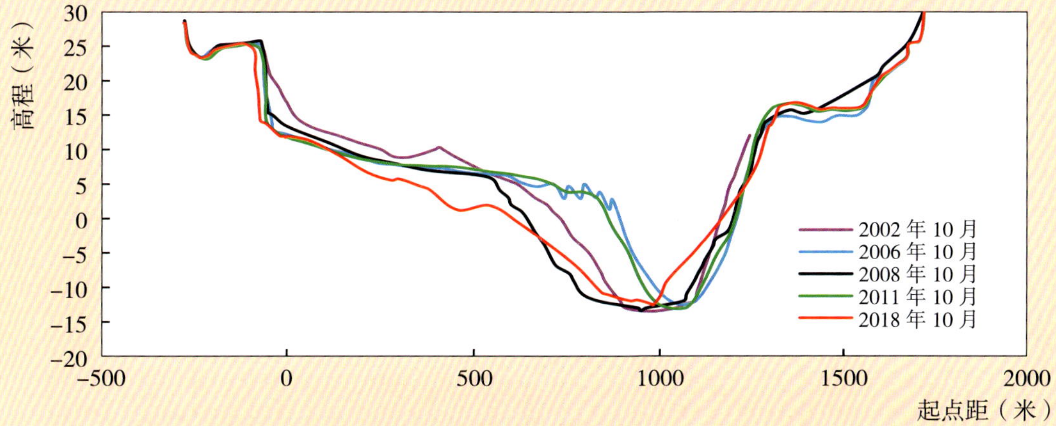

图 5.2–4　簰洲湾河段典型断面（ZC49）冲淤变化

5.3　叶家洲河段

叶家洲河段上起阳逻，下至泥矶，全长约 28.2 千米。叶家洲河段是微弯单一河段，也是长江中下游较为稳定的河段之一，在山矶及护岸节点的控制下，多年来平面形态稳定，弯道深槽及深泓线位置变化不大。叶家洲河段近期深泓平面变化见图 5.3–1，典型断面冲淤变化见图 5.3–2 至图 5.3–4。

2003 年以来，河床总体表现为冲刷，且主要集中在枯水河槽，阳逻深槽及白浒山深槽刷深下延，过渡段主流随上下深槽冲淤变化有一定程度的摆动。

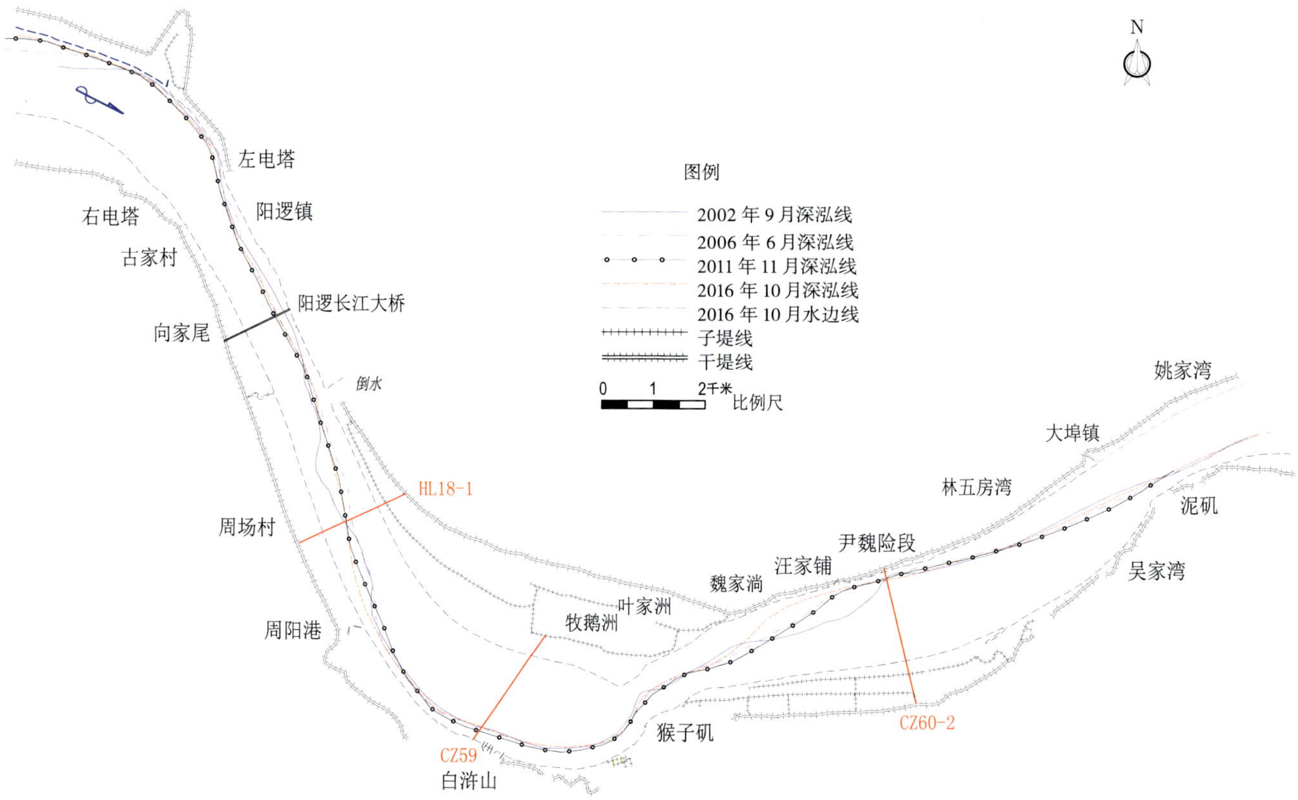

图 5.3-1　叶家洲河段近期深泓平面变化

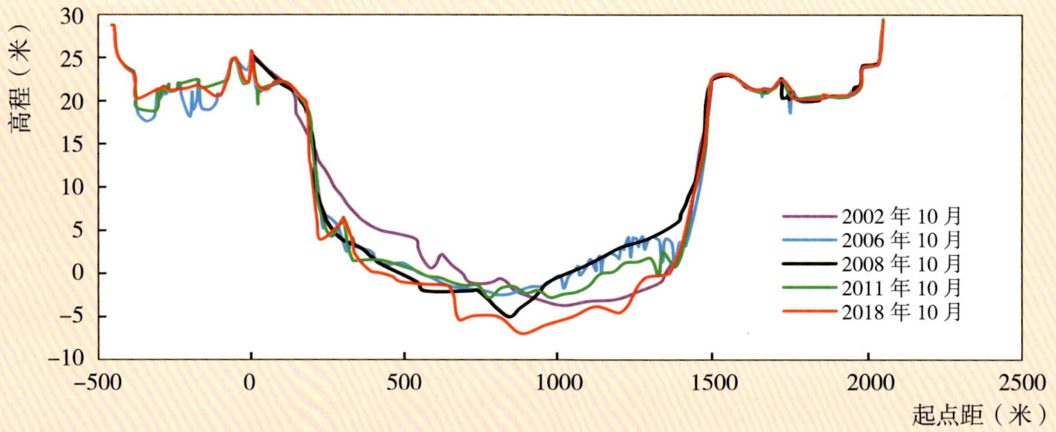

图 5.3-2　叶家洲河段典型断面（HL18-1）冲淤变化

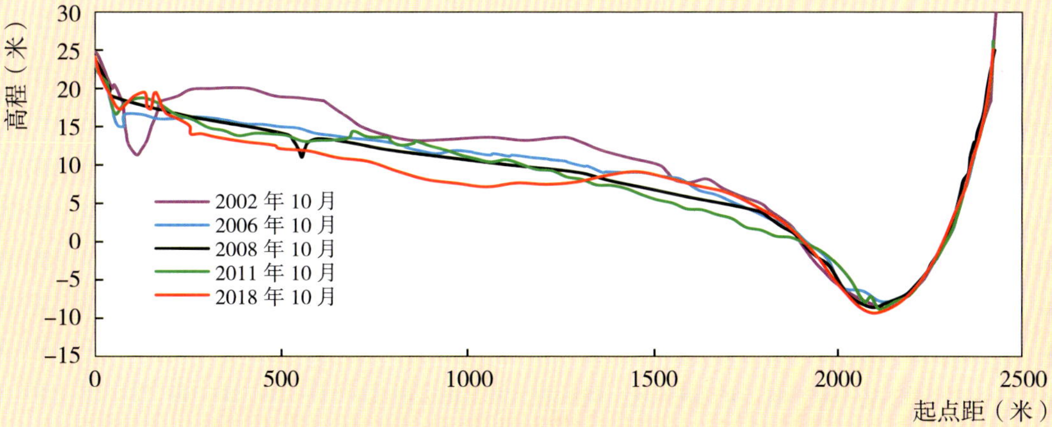

图 5.3–3　叶家洲河段典型断面（CZ59）冲淤变化

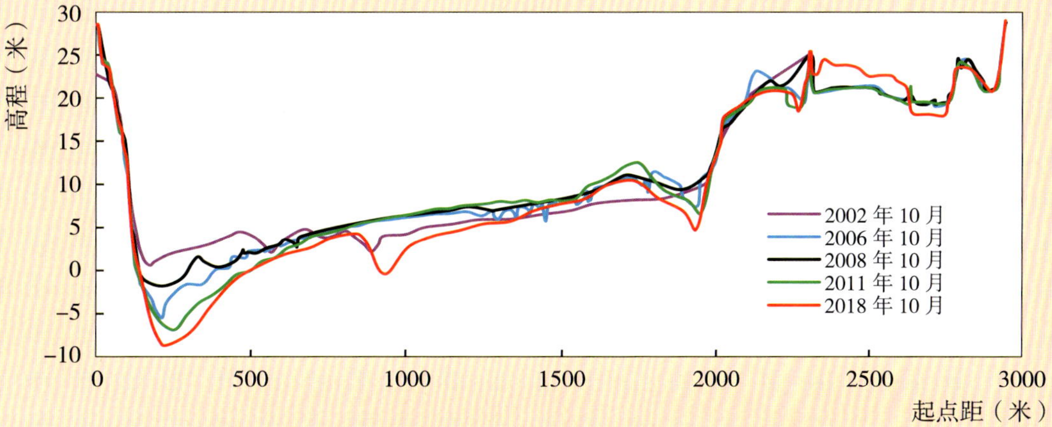

图 5.3–4　叶家洲河段典型断面（CZ60–2）冲淤变化

5.4　安庆河段

安庆河段上起吉阳矶，下至钱江咀，全长约 55.3 千米。河段内主要分布有复生洲、清洁洲、新长洲、官洲、培文洲、余棚洲、鹅眉洲、江心洲、潜洲等洲滩，河道平面形态复杂。以安庆西门皖河口为界分为官洲汊道段及鹅眉洲汊道段。安庆河段近期深泓平面变化见图 5.4–1，典型断面冲淤变化见图 5.4–2 至图 5.4–4。

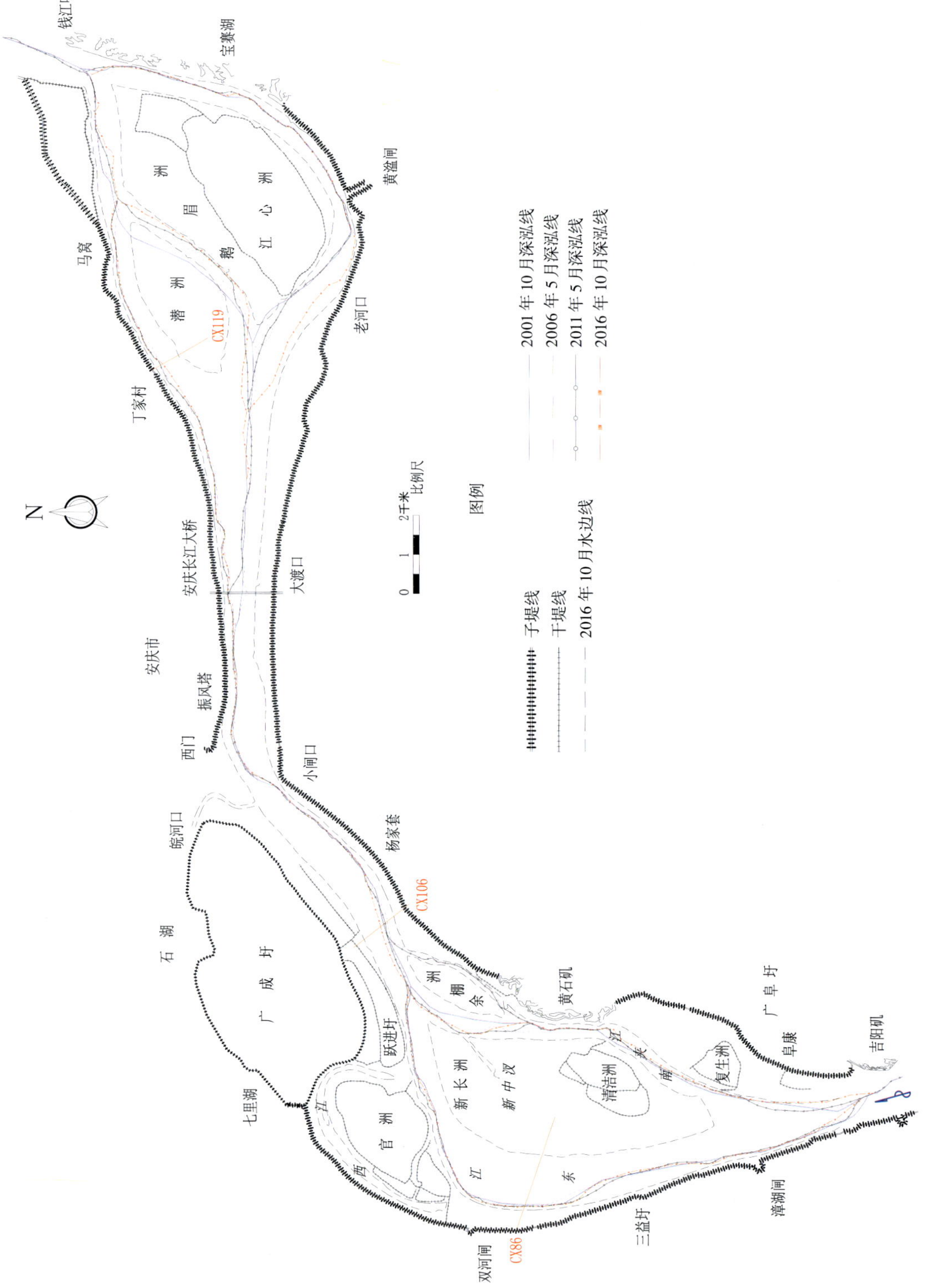

图 5.4–1　安庆河段近期深泓平面变化

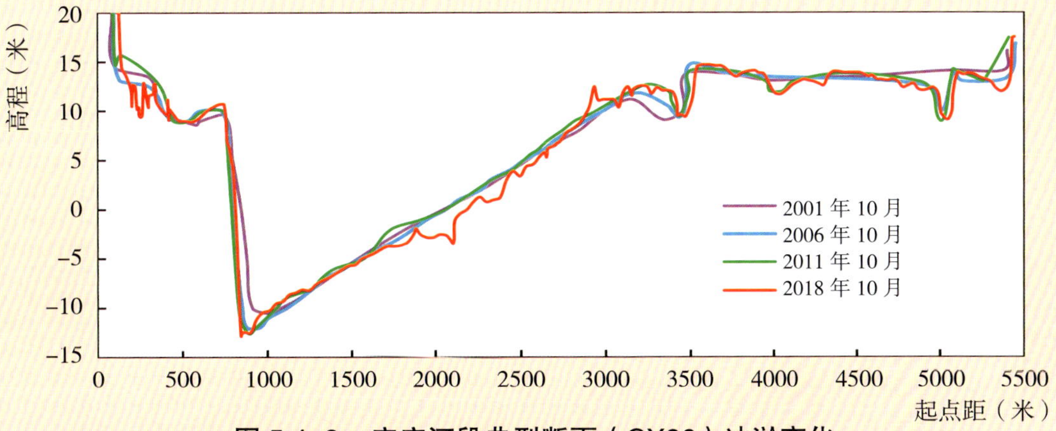

图 5.4-2　安庆河段典型断面（CX86）冲淤变化

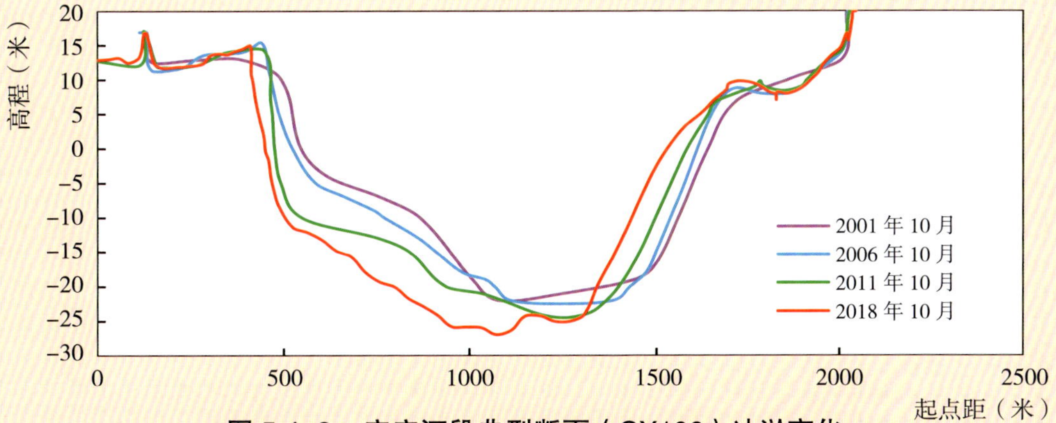

图 5.4-3　安庆河段典型断面（CX106）冲淤变化

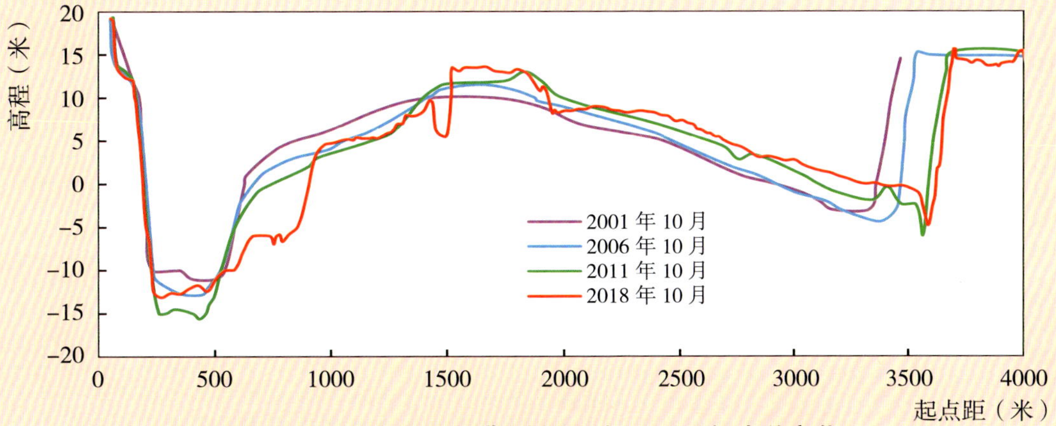

图 5.4-4　安庆河段典型断面（CX119）冲淤变化

官洲汊道：河段口门吉阳矶至官洲头段受东流河段河势及来水来沙等变化的影响，主流顶冲左岸部位在六合圩至漳湖闸一带上提下移。官洲汊道段南夹江流程短，南夹江分流比随着清洁洲右缘、复生洲左缘冲刷崩退不断增加，目前约为25%。新中汊地貌近十几年基本稳定，近期中低水已基本衰退断流。官洲尾至广成圩江岸冲刷部位进一步下延，左岸广成圩向右岸杨家套的主流过渡段随之下移，加剧小闸口段岸线冲刷。

鹅眉洲汊道：三汊分流格局多年相对稳定，左汊为主汊，中汊次之，右汊分流比最小。江心洲右汊近几十年处于略有淤积萎缩的态势；近期鹅眉洲左缘崩退，潜洲右缘淤积展宽，潜洲和鹅眉洲之间关联演变遵循年际间滩槽横向平移周期性变化规律。

5.5　铜陵河段

铜陵河段上起羊山矶，下至荻港镇，全长59.9千米。河道进口处有羊山矶节点控制，河道窄顺直深，出口段河道弯曲，中部为复杂的鹅头型分汊河道。河段内主要分布有成德洲、汀家洲、铜陵沙、太白洲、太阳洲、石板隆兴洲等洲滩。铜陵河段近期深泓平面变化见图5.5–1，典型断面冲淤变化见图5.5–2至图5.5–4。

铜陵河段进口处河道顺直且上窄下宽，受羊山矶节点控制，多年来河道主流走向基本稳定，滩槽冲淤变幅总体较小。成德洲汊道段目前两汊分流基本相当；左汊上段河床深泓横向摆动较大，下段较稳定；右汊河床以冲刷为主，近期分流比有增大趋势。汀家洲汊道段在经历了剧烈的自然变迁后，左汊分流目前为占绝对优势的主汊河道，左汊鹅头弯顶下移之势经过守护逐步得到控制，河势趋于相对稳定的状态；右汊南夹江河道出现间歇性冲刷发展，分流比变化不大。荻港弯道段受护岸工程控制，局部岸段小幅崩退，总体河势相对稳定。

图 5.5-1　铜陵河段近期深泓平面变化

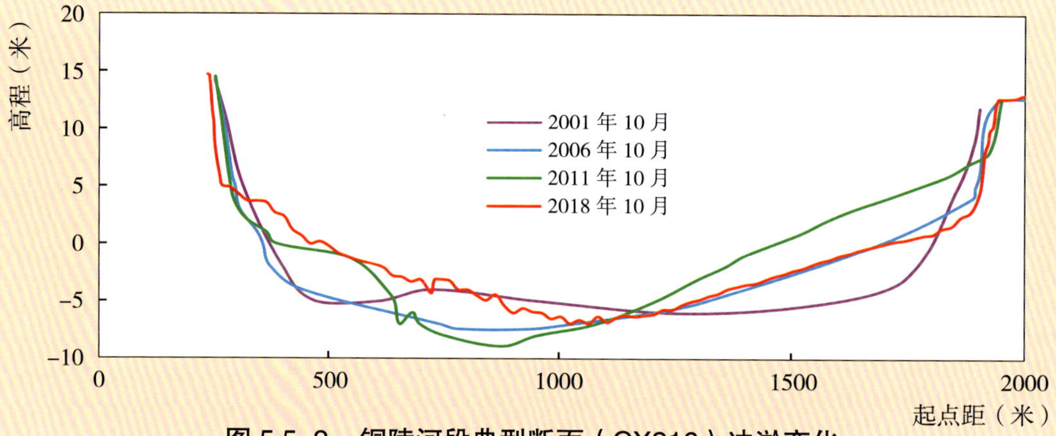

图 5.5-2　铜陵河段典型断面（CX216）冲淤变化

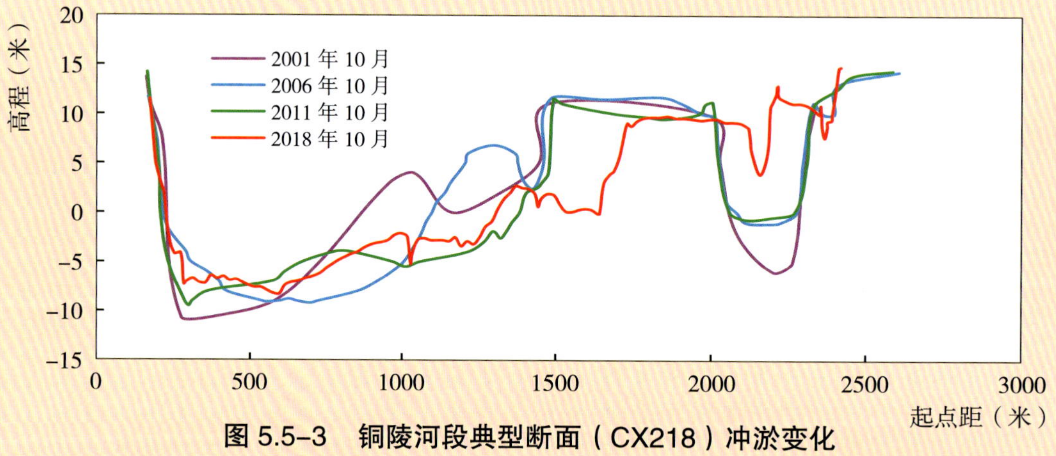

图 5.5-3　铜陵河段典型断面（CX218）冲淤变化

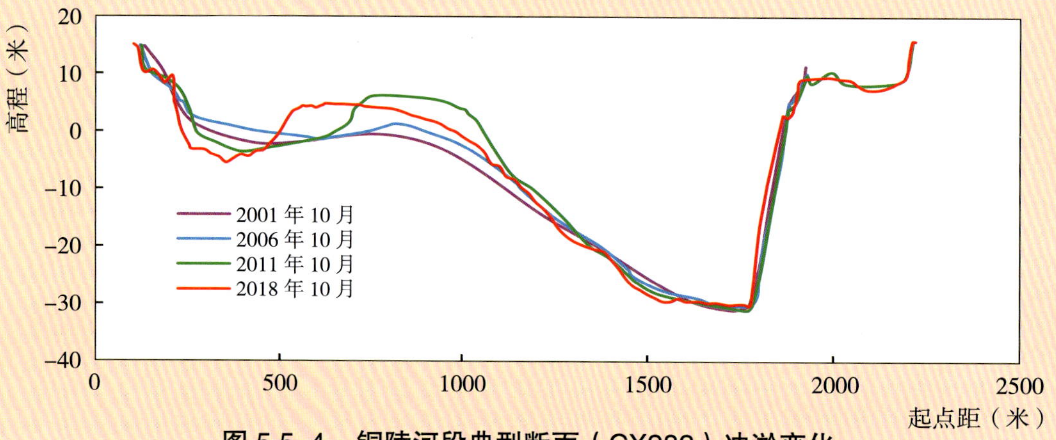

图 5.5-4　铜陵河段典型断面（CX282）冲淤变化

6 近期典型崩岸

长江中下游为冲积平原，河岸地质构造多呈二元结构，河岸抗冲性较差，迎流顶冲段尤为突出，易发生崩岸险情。长江中下游河道崩岸以窝崩和条崩为主。中游崩岸大多发生在枯水期10月至次年4月，下游崩岸大多发生在洪水期7—9月。从崩岸空间分布来看，下荆江崩岸多于上荆江，九江以下河段多于其上游河段；左岸比右岸崩岸强度大、范围广。

2003年以来，长江中下游来水来沙条件发生改变，河道纵向冲刷加剧，局部河势仍在调整，近岸河床下切和水流顶冲部位发生变化，河道崩岸时有发生。据不完全统计，2003—2018年长江中下游干流河道共发生崩岸900余处，崩岸总长度700余千米，其中2017年发生崩岸38处，总长约18千米；2018年发生崩岸29处，总长约12千米。2017年长江干堤洪湖虾子沟、扬中指南村等部位发生了大尺度崩岸险情，但经过及时抢护，未对防洪安全、河势稳定造成不利的影响。

（1）洪湖虾子沟崩岸

2017年汛前4月19日洪湖燕窝虾子沟堤段发现崩岸险情，对应长江干堤桩号为413+250 ~ 413+325，崩区长约75米，崩区最宽约22米，离堤脚最近14米，编号为一号崩岸。崩岸现场情况见图6.1-1。

图6.1-1 洪湖长江干堤虾子沟413+250~413+325段崩岸

2017 年汛后 10 月 27 日至 11 月 10 日，虾子沟段又发生了四处崩岸，分别编号为二、三、四、五号崩岸；2017 年 11 月 10 日至 2018 年 1 月 20 日，再次发生了五处崩塌险情，分别编号为六、七、八、九、十号崩岸，在堤防桩号 409+100~412+605，其中二号崩岸发生在堤防桩号 412+500~412+605，其崩区最长（约 105 米），崩区最宽（约 17 米），且离堤脚距离最近（约 80 米）；发生在堤防桩号 409+100~409+200 的九号崩岸，脚槽崩塌长 214 米，其中 64 米坡面有散抛石脚槽损毁。崩岸现场情况见图 6.1-2、图 6.1-3。

图 6.1-2　洪湖长江干堤虾子沟 412+500~412+605 段崩岸

图 6.1-3　洪湖长江干堤虾子沟 409+600~409+623 段崩岸

一、二号崩岸采用削坡减载、抛石镇脚、袋土还坡、钢丝网石笼护底、雷诺护垫护坡抢险方案，其余处崩岸段按照原护岸结构进行修复。一号崩岸治理后岸坡见图 6.1–4。

图 6.1–4　洪湖长江干堤虾子沟一号崩岸治理后岸坡情况

近岸河床冲刷下切及河岸地质条件较差是虾子沟崩岸发生的主要因素。三峡水库蓄水运用后，虾子沟段近岸冲刷坑变化的主要特点是冲刷范围扩大。图 6.1–5

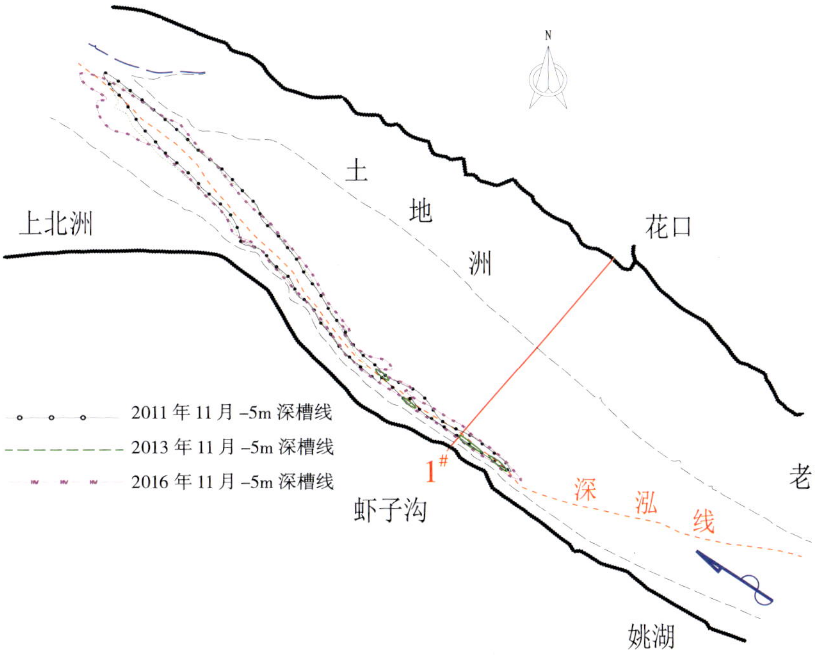

图 6.1–5　虾子沟段深泓线变化图

为虾子沟段深泓线变化图，图 6.1–6 为 1# 断面年际冲淤变化图。1998 年虾子沟 0 米以下冲刷坑主要集中在中上段区域，中下段零星分布有 0 米以下冲刷坑，没有观测到 –5 米以下的冲刷坑；2001 年 0 米以下冲刷坑连为一片，且在中上段还出现了 –5 米以下冲刷坑；2002—2013 年冲刷减缓，冲刷坑上段略有淤积、–5 米深槽断开；2013 年以后冲刷坑再度加强，至 2016 年 –5 米以下冲刷坑范围显著扩大，中上段出现 –10 米和 –15 米以下冲刷坑，崩岸段附近河床由 2016 年汛后 –7.1 米进一步下切至 2017 年汛前 –12.5 米，最低点高程由 –10.4 米下切至 –15.8 米、冲深 5.4 米、平均水下坡比约为 1 ∶ 2，导致岸坡处于不稳定状态。其次，该段岸坡呈二元结构，上部为粉质壤土，下部为覆盖较厚细砂层，地质条件较差，抗冲能力弱，加之靠近深槽，滩槽高差大，河岸稳定性差，易引发窝崩险情。

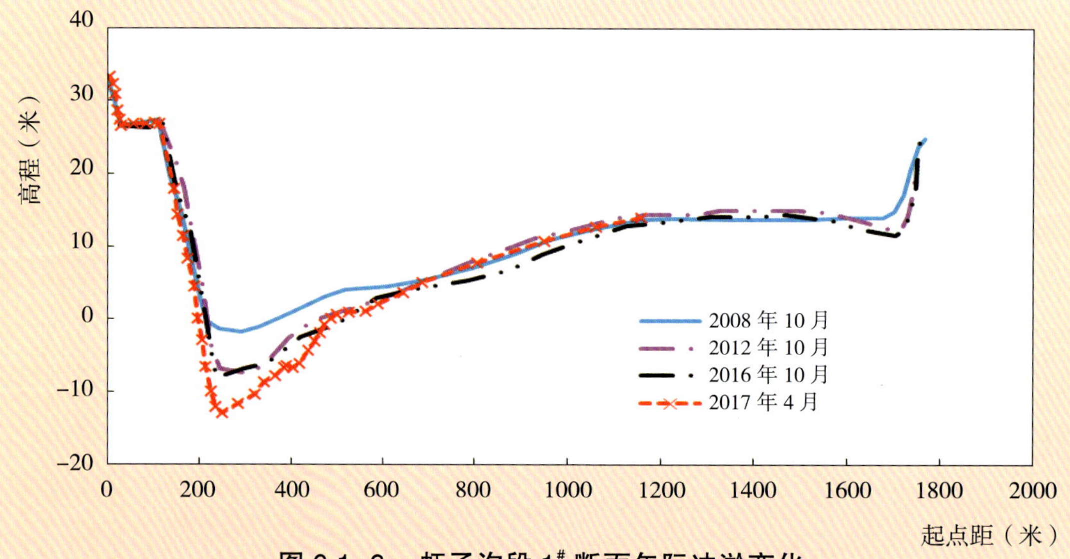

图 6.1–6　虾子沟段 1# 断面年际冲淤变化

（2）扬中长江干堤指南村崩岸

2017 年 11 月 8 日凌晨 5 时许，扬中河段太平洲左汊（扬中市三茅街道指南村）泰州长江大桥上游约 1.5 千米处的太平洲左缘发生崩窝，9 时 20 分坍塌加剧，长江干堤 11 时 20 分开始坍失、18 时趋于稳定。崩岸造成长江干堤坍失 440 米，江岸线坍失 540 米，最大进深 190 米，主江堤后最大坍入 51 米，坍失滩地和水下面积 146 亩、涵洞一座、民房 9 幢，见图 6.1–7。

图 6.1–7　扬中长江干堤太平洲左缘指南村崩岸

2018 年对崩岸处实施了 4150 米护岸应急治理工程及 1331 米干堤复建工程，年底基本完成（图 6.1–8）。

图 6.1–8　扬中长江干堤指南村崩岸处复堤建设现场

扬中长江干堤指南村江段发生崩岸的原因主要有：①局部河势调整、近岸河床持续冲刷和近年大洪水作用。图 6.1–9 为扬中河段上段近期河势图，图 6.1–10 为指南村段 1# 断面年际冲淤变化图。近年来，扬中河段嘶马弯道及向右岸太平洲过渡段主流顶冲点下移、深槽冲深向下游发展，崩岸发生地点正处于当时过渡段主流顶冲位置，深槽冲刷持续加剧，2008—2015 年深槽由 –35 米冲深至 –50 米，最深点达 –60 米左右，深泓部位冲深超过 13 米；2016 年、2017 年汛期长江下游均发生较大洪水，其中 2016 年大通站最大流量 70700 立方米 / 秒，大于 45000 立方米 / 秒（河段平滩流量）的时间达到 120 天，2017 年大通站实测最大流量也达 70600 立方米 / 秒，因连续两年长江下游来水量大、高洪持续时间长，加剧了近岸河道冲刷。②地质结构。崩岸段的河岸为二元结构，上部为厚10米左右黏土（粉质黏土）层，下部为40余米的粉砂或细砂层，这种地质结构的河岸抗冲能力相对较强，一般不易发生崩岸，但当河床下部沙层不断被淘刷、上层黏土层悬空后，河岸就会整体倒塌形成崩窝，也是造成本次崩岸突发的基本条件。

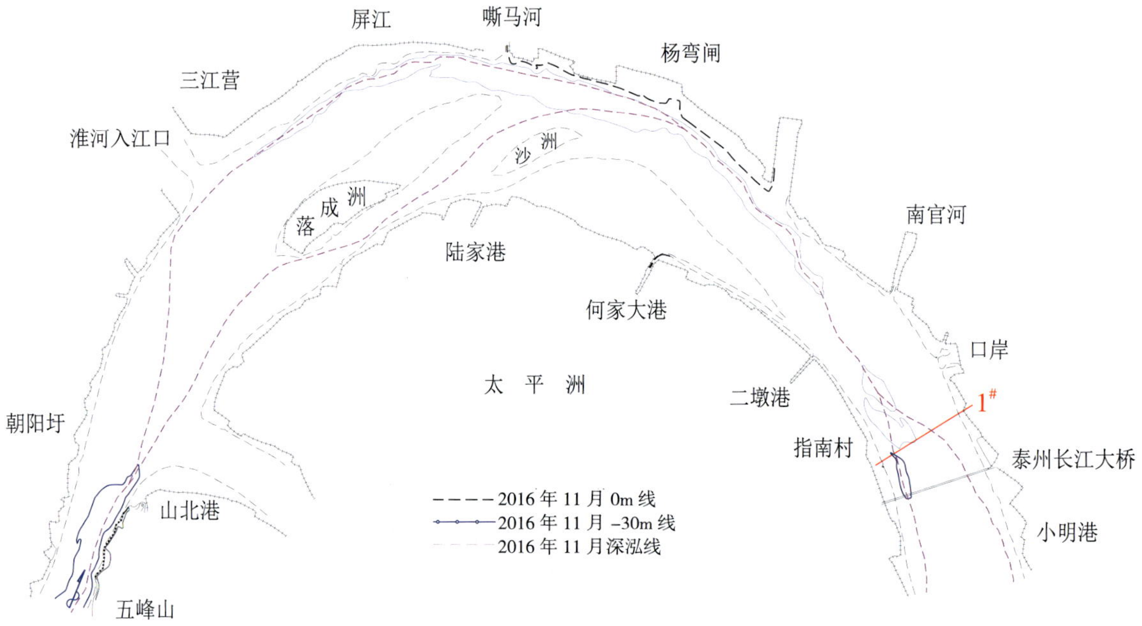

图6.1-9 扬中河段上段近期河势

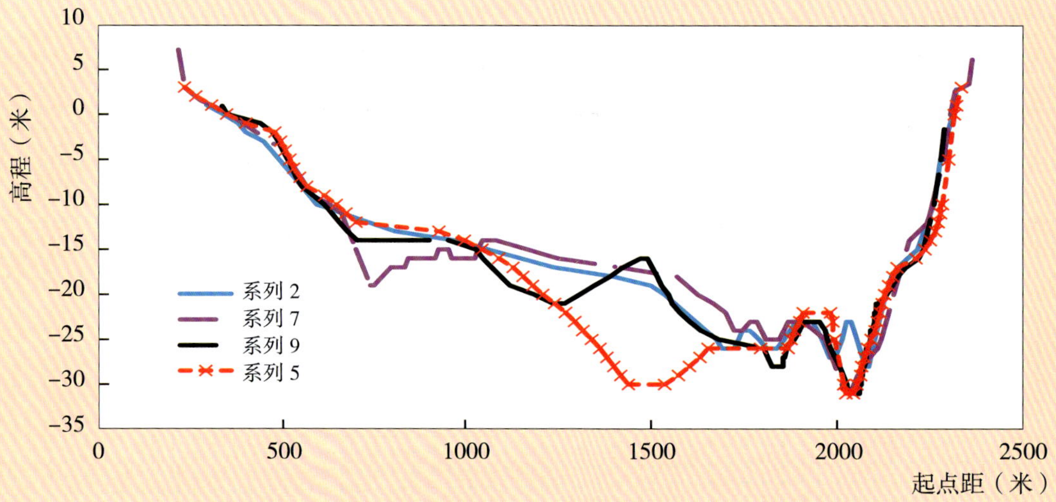

图6.1-10 指南村段1#断面年际冲淤变化

7 主要认识与建议

7.1 主要认识

1）受气候变化、水土保持工程以及以三峡水库为核心的长江上游干支流控制性水库群蓄水运用等影响，长江上游来水量略有减少，中下游干流河道输沙量大幅减少，在河床冲刷及支流入汇补给作用下，输沙量减少幅度沿程递减。2003—2018 年，宜昌、汉口和大通站年均输沙量分别为 3580 万吨、9960 万吨、13400 万吨，分别较 2002 年前均值减少 93%、75% 和 69%。

2）2003 年以来，长江中下游干流河道冲刷距离长、冲刷强度大，强冲刷带呈现从上游向下游逐渐发展的态势，冲刷已发展至湖口以下。2003—2018 年，宜昌至湖口段平滩河槽冲刷约 24 亿立方米，湖口至江阴段平滩河槽冲刷约 13 亿立方米，江阴以下段 0 米高程以下河槽冲刷约 7 亿立方米。当前，宜昌至枝城段冲淤基本平衡，荆江河段仍维持强度较大的冲刷，城陵矶以下河段冲刷有所加剧。

2003 年以来，长江中游干流河道主要控制站枯水期相同流量下水位较之前有不同程度的降低，但通过三峡等上游水库补水，加大枯水期下泄流量，各站年最低水位并未降低。

3）经过多年河道治理和航道整治，特别是近期实施的崩岸重点治理工程及航道整治工程，长江中下游干流河道险工段、崩岸段及部分江心洲滩得到了不同程度的守护，河道平面形态得以控制。目前，长江中下游干流河道总体河势基本稳定，部分河段河势发生一定调整，局部河段河势变化较大。

4）2003年以来，长江中下游干流河道演变特点主要表现为：枯水河槽普遍冲刷下切，断面形态总体向窄深化发展，中低滩冲刷萎缩，高滩时有崩退；弯道段、汊道段分汇流区、长直过渡段主流摆动幅度较大，急弯段出现不同程度的切滩撇弯现象；分汊河段稳定性总体提升，多数主支汊格局未发生变化，但短汊发展占优，多汊尤其是含有次生二级分汊的河段冲淤变化复杂且稳定性差；近岸河床冲刷明显，岸坡变陡，崩岸时有发生。

7.2 建议

（1）加强长江中下游河道观测、科学研究等基础工作

为系统收集三峡水库运行期长江中下游河段的河道原型资料，保证原型观测资料的连续性、完整性，以便采用最新观测资料加强滚动研究为河道治理提供技术支撑，建议建立河道观测长效机制，并继续加强重点险工段和崩岸段的巡查与监测。同时，进一步开展三峡等控制性水库运用后对中下游河道影响、江湖关系变化、河势控制与航道整治协调性、崩岸预警及治理新技术、河岸带生态修复、岸线资源承载能力等科学研究工作。

（2）开展长江中下游河道崩岸应急处置和系统治理

针对长江崩岸突发性强、危害性大、预测预警难的特点，需建立崩岸预警和应急抢护机制。长江中下游河道冲刷及其对河势的影响正处于发展过程中，按照《河道治理规划》，根据河势调整变化情况，适时实施规划范围内河道治理工程。建议近期重点开展下荆江、武汉、铜陵、芜裕、南京、镇扬等重点河段的系统治理工作，为推进长江经济带高质量发展、修复长江水生态环境提供支撑与保障。